新世纪职业教育应用型人才培养培训创新教材

U0143803

Photoshop CS5

平面设计
案例教程

谢夫娜 主编

隋扬 于晓利 副主编

清华大学出版社

北京

内 容 简 介

Photoshop 平面设计课程是计算机平面设计专业的主干课程,本教材根据教育部 2010 年最新修订的专业目录确定的专业教学指导方案编写。

本教材选取数码照片处理、广告图像处理、VI 图形绘制、网页图像处理等职业岗位典型、真实的工作任务进行知识、技能分析,以工作任务为导向,精心设计教学案例,将知识和技能融入到任务的学习中,学生学习的过程就是学习职业岗位技能的过程,可以积累工作经验,为实现零距离上岗做好准备。

本书可作为职业院校计算机平面设计专业及其相关方向的基础教材,也可作为各类计算机应用培训班教材,还可供有关行业从业人员参考。

图书在版编目(CIP)数据

Photoshop CS5 平面设计案例教程/谢夫娜主编. —北京:清华大学出版社,2012.9
(新世纪职业教育应用型人才培养培训创新教材)
ISBN 978-7-302-29570-9

Ⅰ. ①P… Ⅱ. ①谢… Ⅲ. ①平面设计－图象处理软件　Ⅳ. ①TP391.41

中国版本图书馆 CIP 数据核字(2012)第 179296 号

责任编辑:田在儒
封面设计:李　丹
责任校对:刘　静
责任印制:王静怡

出版发行:清华大学出版社
　　　　网　　　址:http://www.tup.com.cn,http://www.wqbook.com
　　　　地　　　址:北京清华大学学研大厦 A 座　　　邮　　编:100084
　　　　社 总 机:010-62770175　　　　　　　　　邮　　购:010-62786544
　　　　投稿与读者服务:010-62776969,c-service@tup.tsinghua.edu.cn
　　　　质 量 反 馈:010-62772015,zhiliang@tup.tsinghua.edu.cn
　　　　课 件 下 载:http://www.tup.com.cn,010-62795764
印 刷 者:北京鑫丰华彩印有限公司
装 订 者:三河市新茂装订有限公司
经　　销:全国新华书店
开　　本:185mm×260mm　　　印　张:12　　　字　数:272 千字
版　　次:2012 年 9 月第 1 版　　　　　印　次:2012 年 9 月第 1 次印刷
印　　数:1~3000
定　　价:48.00 元

产品编号:046637-01

前 言
FOREWORD

本教材为适应职业院校人才培养需要，根据教育部 2010 年最新修订的专业目录确定的计算机平面设计专业教学指导方案编写，是计算机应用方向的专业基础课程。

Photoshop CS5 是著名的 Adobe 公司推出的图形图像处理与设计软件的较新版本，集图像编辑、设计、合成、网页制作和高品质的图片输出功能于一体，是计算机平面设计中不可缺少的图形图像处理设计软件，也是计算机平面设计专业的必修课程。

本教材根据教学大纲的要求和初学者的实际情况，从实用角度出发，循序渐进、由浅入深地全面介绍了 Photoshop CS5 Extended 版的基本操作和实际应用。全书采用"任务驱动教学法"，每一章精心设计了相应的工作任务，通过"任务要求"、"任务分析"、"制作流程"等，对任务进行分析、提出要求，再讲述实现任务的具体方法。通过系统地对任务所涉及的知识点进行全面讲解，帮助读者进一步掌握和巩固基本知识，快速提高综合应用的实践能力，使学生的"学与做"、"理论和实践"达到有机的统一，真正做到"在做中学，在学中做"的目的。

为了提高学习效率和教学效果，本教材有配套的教学指导方案、课件及相关图片与素材，供学习者下载使用。

全书由谢夫娜主编，于光明主审。全书编写分工如下：第 1、第 6 章由隋扬编写；第 2 章由于晓利编写；第 3 章由孙良编写；第 4 章由谢夫娜编写；第 5 章由熊明编写；第 7 章由付浩编写；第 8 章综合应用由各位参编老师共同完成。

由于编者水平有限，书中不妥之处在所难免，恳请广大读者批评指正。编者联系邮箱是 xfn920058@163.com。

编 者

2012 年 6 月

目 录

CONTENTS

第1章

走进Photoshop CS5的精彩世界

任务 1　学习欣赏图片

任务要求

在 Photoshop CS5 中以不同的比例观察示例图片(如图 1-1 所示),既要欣赏整体画面,又要细致观察局部细节。

图 1-1　在 Photoshop CS5 中打开的图像文件

任务分析

- 学会启动 Photoshop 程序并在该程序中打开文件；
- 熟悉 Photoshop 的工作界面；
- 学习使用"抓手工具"和"缩放工具"，进行图像全局或指定部分的浏览与细节观察；
- 学习使用标尺、参考线、网格对图像进行精确定位；
- 掌握在图像编辑窗口中对打开的多个图像文件进行切换，并以不同的窗口排列方式进行排列。

制作流程

（1）在桌面上双击 Photoshop CS5 的快捷图标，或单击"开始→程序→Adobe Photoshop CS5"命令，启动 Photoshop CS5 程序；然后单击"文件→打开"命令，打开图像文件"青蛙王子.jpg"和"爱心公主.jpg"，并在图像编辑窗口中单击"青蛙王子.jpg"选项卡，将其切换为当前图像，如图 1-1 所示。

（2）单击工具箱中的"缩放工具" 🔍 ，在图像中单击，图像会放大到 100％的显示比例，如图 1-2 所示。

（3）单击工具箱中的"抓手工具" 👋 ，在图像中拖曳鼠标，可以移动图像，以便观察图像的其他部分，图 1-3 即是平移图像的一个窗口状态。

图 1-2　放大到 100％的图像窗口　　　　　　　图 1-3　平移图像

（4）再次单击工具箱中的"缩放工具" 🔍 ，在图像窗口中拖曳出一个虚线状的矩形框，如图 1-4 所示。松开鼠标按键后，矩形框内的图像被放大显示在窗口中，如图 1-5 所示。

（5）按住 Alt 键，使用 🔍 工具单击图像窗口，可将图像缩小显示。

（6）单击"视图→标尺"命令，窗口中即显示水平标尺和垂直标尺，如图 1-6 所示。

（7）将鼠标指针分别放在水平标尺和垂直标尺上，拖曳出一条水平参考线和一条垂直参考线，放置位置如图 1-7 所示。利用参考线可以对图像进行精确定位。

图 1-4　拖曳出的矩形框

图 1-5　矩形框内图像放大显示状态

图 1-6　标尺显示状态

图 1-7　两条参考线位置情况

　　（8）单击"视图→清除参考线"命令，可以清除图像窗口中的参考线。单击"视图→标尺"命令，可以隐藏图像窗口中的标尺。

　　（9）单击"视图→显示→网格"命令，窗口中即显示出网格，如图 1-8 所示。网格平均分配空间，可以确定准确的位置。再次单击"视图→显示→网格"命令，可以隐藏图像窗口中的网格。

图 1-8　网格显示状态

（10）在面板区单击"历史记录"面板图标 ，展开"历史记录"面板。如果面板区没有打开"历史记录"面板，可以单击"窗口→历史记录"命令，将"历史记录"面板打开，如图1-9所示。

（11）从"历史记录"面板的历史记录列表中选择第一个操作"打开"，如图1-10所示，可将图像恢复成刚打开时的状态。

图1-9　展开"历史记录"面板　　　　图1-10　选择"历史记录"面板中的"打开"操作

（12）在图像编辑窗口中单击"爱心公主.jpg"选项卡，将其切换为当前图像，如图1-11所示。

图1-11　将"爱心公主.jpg"切换为当前图像

（13）单击"窗口→排列→在窗口中浮动"命令，可将当前图像放置于一个独立窗口中，如图1-12所示。单击"窗口→排列→使所有内容在窗口中浮动"命令，则当前打开的两幅图像均各自放置于一个独立窗口中，如图1-13所示。

（14）单击"窗口→排列→平铺"命令，则两幅图像显示状态如图1-14所示。单击"窗口→排列→将所有内容合并到选项卡中"命令，则图像显示情况恢复到如图1-1所示的状态。

（15）分别选择两幅图像，单击"文件→存储为"命令，将两幅图像分别保存到另外的文件夹中；再次单击"文件→关闭全部"命令，关闭两幅图像；最后单击"文件→退出"命令，退出Photoshop CS5。

图1-12 将当前图像置于一个独立窗口中

图1-13 两幅图像各自放置于一个独立窗口中

图1-14 两幅图像平铺

1.1 Photoshop 的应用范围

多数人对于 Photoshop 的了解还仅局限于"一个很好的图像编辑软件",并不知其他应用方面。随着软件功能的日渐强大,Photoshop 不仅是设计领域的首选图像编辑软件,它在我们日常生活中也逐渐展示出其强大功能。下面我们将分别介绍 Photoshop 在图像合成与特效方面主要的应用领域。

1. 艺术照片

随着数码电子产品的普及,图形图像处理技术被越来越多的人所使用,如美化照片、制作个性化影集、修复已经损毁的图片等。

2. 界面设计

如果你经常上网的话,会看到很多网站界面虽然设计得很朴素,看起来却给人一种很舒服的感觉;有的网站界面很有创意,能给人带来强烈的视觉冲击。界面设计,既要从外观上有创意以达到吸引人的目的,还要结合图形和版面设计的相关要求,使界面设计成为独特的艺术形式。要使界面效果满足人们的要求,就需要设计师在界面设计中用到图形合成等效果,再配合特效的使用使其变得更加精美。

3. 广告设计

广告的构思与表现形式是密切相关的,有了好的构思需要通过软件来完成。大多数的广告是通过图像合成与特效技术来完成的,通过这些技术手段可以更加准确地表达出广告的主题。

4. 包装设计

包装作为产品的第一形象,最先展现在顾客的眼前,被称为"无声的销售员"。图像合成和特效的运用使产品在琳琅满目的货架上越发显眼,获得吸引顾客的效果。

5. 艺术效果文字

利用 Photoshop 对文字进行创意设计,可以使文字变得更加美观,个性更强,使文字的感染力大大加强。

6. 插画设计

Photoshop 使很多人开始采用计算机图形设计工具创作插图。无论简洁,还是繁复、绵密;无论传统媒介效果,如油画、水彩、版画风格,还是数字图形无穷无尽的新变化、新趣味,都可以更方便、更快捷地完成。

7. 动漫设计

Photoshop 软件的强大功能使其在动漫行业有着不可替代的地位,从最初的形象设定到最后渲染输出,都离不开它。

8. 建筑效果图后期修饰

在制作建筑效果图包括许多三维场景时,人物与配景包括场景的颜色常常需要在Photoshop 中增加并调整。

9. 视觉创意

视觉创意与设计是设计艺术的一个分支,通常没有非常明显的商业目的,但为广大设计爱好者提供了广阔的设计空间。越来越多的设计爱好者开始学习 Photoshop,并进行具有个人特色与风格的视觉创意。

1.2　Photoshop CS5 Extended 操作界面

启动 Photoshop CS5 程序,工作界面主要由标题栏、菜单栏、工具选项栏、工具箱、面板、图像编辑窗口等组成,如图 1-15 所示。

图 1-15　Photoshop CS5 工作界面

Photoshop CS5 分为两个版本：即常规的标准版和支持 3D 功能的 Extended（扩展）版。本书以 Extended 版为例进行介绍。

1. 标题栏

Photoshop 的标题栏位于整个窗口的顶部，由左向右依次是窗口控制菜单按钮 Ps 、相应功能的快速切换按钮（包括"启动 Bridge"按钮 Br 、"查看额外内容"按钮 、"缩放级别"按钮 100% 、"排列文档"按钮 、"屏幕模式"按钮 等）、快速选择工作区按钮 、窗口最小化按钮、最大化按钮或还原按钮、关闭按钮。

2. 菜单栏

Photoshop CS5 Extended 将所有的命令集合分类后，放置在 11 个菜单中，利用下拉菜单命令可以完成大部分图像编辑处理工作。

3. 工具选项栏

工具选项栏用于设置工具箱中当前工具的参数。不同工具所对应的选项栏的参数也有所不同。

图 1-16 是选择"矩形选框工具"后，选项栏的显示情况。通过对选项栏中各项参数的设置，可以定制当前工具的工作状态，可以利用同一个工具设计出不同的选区效果。

图 1-16　"矩形选框工具"选项栏

4．工具箱

学习软件的过程实际上就是学习软件中各工具和命令的过程。工具箱的默认位置位于窗口的最左侧，包括用于图像绘制和编辑处理的各种工具。各工具的具体功能和用法将在第 2 章中详细介绍。

工具箱具有伸缩性，通过单击工具箱顶部的伸缩栏 ，可以在单栏和双栏之间任意切换，便于更灵活地利用工作区中的空间进行图像处理。

Photoshop 有 60 多种工具，由于窗口空间有限，把功能相近的工具归为一组放在一个工具按钮中，因此有许多工具是隐藏的。若要了解某工具的名称，只需把鼠标指针指向对应的按钮，稍等片刻，即会出现该工具名称的提示，如图 1-17 所示。许多工具按钮右下角有一个黑色小三角形，表明该按钮是一个工具组按钮，在该按钮上单击鼠标左键不放或右击该按钮时，隐藏的工具便会显示出来，如图 1-18 所示。移动鼠标指针从中选择一个工具，该工具便成为当前工具。

图 1-17 套索工具 　　　　　　　　图 1-18 套索工具组显示

5．面板

面板与菜单栏、工具箱一起构成了 Photoshop 的核心，是不可缺少的工作手段。面板的默认位置位于窗口的最右侧。Photoshop 提供了 20 多种面板，每一种面板都有其特定的功能。通过单独使用面板命令或各类快捷键与面板命令的结合使用，可迅速完成大多数软件操作，从而提高工作效率。

在 Photoshop CS5 中，专门为不同的应用领域准备了相应的工作区环境，主要包括基本功能、设计、绘画、摄影、3D、动感和 CS5 新增功能等工作区。只要在标题栏中单击相应的工作区按钮，或在"窗口→工作区"级联菜单中选择相应的命令，即可切换到对应的工作区。选择不同的工作区时，显示的面板也有所不同。

面板也可以进行伸缩调整，其操作方法和使用工具箱类似，直接单击面板顶部的伸缩栏即可进行切换。对已展开的面板，单击其顶部的伸缩栏，可以将其收缩成为图标状态，如图 1-19 所示。反之，单击未展开的面板顶部的伸缩栏，则可以将该栏中的面板全部展开，如图 1-20 所示。

如果要切换至某个面板，可以直接单击其标签名称。如果要隐藏某个已经显示出来的面板，可以双击其标签名称。

通过这样的调整操作，可以最大限度地节省界面空间，方便观察与绘图。

6．图像编辑窗口

1）图像编辑窗口的组成

图像编辑窗口由 3 部分组成：选项卡式标题栏、画布、状态栏，如图 1-21 所示。

（1）选项卡式标题栏：在 Photoshop CS5 中，每打开一个图像文件，即在图像编辑窗

图 1-19 面板的收缩状态

图 1-20 面板的展开状态

图 1-21　图像编辑窗口

口的标题栏内增加一个选项卡。若要显示已经打开的某幅图像,只要单击对应的选项卡即可。在标题栏的每一个选项卡中显示的内容有图像文件名、图像显示比例、图像当前图层名称、图像颜色模式、颜色位深度等信息及文件关闭按钮。

（2）画布：画布区域是用来显示、绘制、编辑图像的区域。

图 1-22　状态栏选项菜单

（3）状态栏：主要由 3 部分组成：最左边显示当前图像的显示比例,可在此输入数值改变图像的显示比例；中间部分默认显示当前图像的"文档大小"（如 `文档:699.6K/2.39M` ,前面的数字代表将所有图层合并后的图像大小,后面的数字代表当前包含所有图层的图像大小),单击其右边的三角形按钮可打开状态栏选项菜单,如图 1-22 所示,选择其中的命令可改变状态栏中间部分的显示内容；状态栏最右边是水平滚动条。

2）图像编辑窗口中图像的排列方式

在 Photoshop CS5 中,默认情况下,打开的图像均以选项卡的方式排列在图像编辑窗口中,用鼠标拖动某个选项卡,则对应的图像会置于一个浮动的独立窗口中。

在"窗口→排列"级联菜单中有一组调整图像排列方式的命令,如图 1-23 所示。

"层叠"是使两个或两个以上的浮动窗口层叠排列。

"平铺"是使两个或两个以上的图像水平或垂直平铺排列。

"在窗口中浮动"是将当前图像置于独立的浮动窗口中。

　　"使所有内容在窗口中浮动"是将当前打开的所有图像均置于各个独立的浮动窗口中。

　　"将所有内容合并到选项卡中"是将所有打开的图像均以选项卡的方式排列在图像编辑窗口中。

　　另外，在 Photoshop CS5 的标题栏上单击"排列文档"按钮，弹出的下拉菜单中有一组选项是用来调整已打开图像的排列方式的，如图 1-24 所示。

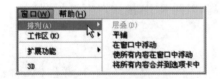

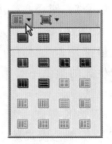

图 1-23　"窗口→排列"菜单中调整图像排列方式的命令　　　　图 1-24　"排列文档"下拉菜单选项

1.3　图像的基础知识

1. 位图图像与矢量图形

计算机处理的图形图像有两种，分别是位图图像和矢量图形。

1）位图图像

位图图像也叫点阵图，其基本元素是像素。如果把位图放大到一定程度，就会发现整个画面是由排成行列的一个个小方格组成的，这些小方格被称为像素。每个像素都有其特定的颜色值和位置，对位图图像的编辑实际上就是对一个个像素的编辑。位图图像的优点是可以表达色彩丰富、细致逼真的画面；缺点是位图文件占用的存储空间比较大，在放大输出时会发生失真现象。

常用的位图图像格式有 BMP、JPG、PSD、GIF、TIFF、PDF 等。

2）矢量图形

矢量图形是由一些直线、圆、矩形等线条和曲线组成的。这些线条和曲线是由数学公式定义的，数学公式根据图像的几何特性描绘图像。对矢量图形的编辑实际上就是对组成矢量图形的一个个矢量对象的编辑。因此，矢量图文件所占存储空间一般较小，而且在进行缩放或旋转时，不会发生失真现象。其缺点是能够表现的色彩比较单调，不能像照片那样表达色彩丰富、细致逼真的画面。矢量图形通常用来表现线条化明显、具有大面积色块的图案。

Adobe 公司的 Illustrator、Corel 公司的 Coreldraw 是常用的矢量图形设计软件，Flash 制作的动画也是矢量动画。常用的矢量图形格式有 AI（Illustrator 源文件格式）、DXF（AutoCAD 图形交换格式）、WMF（Windows 图元文件格式）、SWF（Flash 文件格式）等。

2. 颜色模式

颜色模式是指在显示器屏幕上和打印页面上重现图像色彩的模式。对数字图像来说,颜色模式是个很重要的概念,不但会影响图像中能够显示的颜色数目,还会影响图像的通道数和文件的大小。

下面介绍一下 Photoshop 最常用的几种颜色模式。

1) RGB 模式

RGB 模式是基于自然界中 3 种基色光的混合原理,将红(R)、绿(G)和蓝(B) 3 种基色按照从 0(黑)到 255(白色)的亮度值在每个色阶中分配,从而指定其色彩。当不同亮度的基色混合后,便会产生出 256×256×256 种颜色,约为 1670 万种。例如,一种明亮的红色可能 R 值为 246,G 值为 20,B 值为 50。当 3 种基色的亮度值相等时,便产生灰色;当 3 种亮度值都是 255 时,便产生纯白色;当所有亮度值都是 0 时,便产生纯黑色。3 种基色光混合生成的颜色一般比原来的颜色亮度值高,因此 RGB 模式产生颜色的方法又被称为色光加色法。

2) CMYK 模式

CMYK 颜色模式是一种印刷模式,4 个字母分别代表青(Cyan)、洋红(Magenta)、黄(Yellow)、黑(Black),在印刷中代表四种颜色的油墨。CMYK 模式在本质上与 RGB 模式没有什么区别,只是产生色彩的原理不同。在 RGB 模式中由光源发出的色光混合生成颜色,而在 CMYK 模式中由光线照到有不同比例 C、M、Y、K 油墨的纸上,部分光谱被吸收后,反射到人眼的光产生颜色。C、M、Y、K 在混合成色时,随着 C、M、Y、K 四种成分的增多,反射到人眼的光会越来越少,光线的亮度会越来越低,因此 CMYK 模式产生颜色的方法又被称为色光减色法。

3) Lab 模式

Lab 模式解决了由于不同的显示器和打印设备所造成的颜色赋值的差异。也就是说,它不依赖于设备。Lab 颜色是以一个亮度分量 L 及两个颜色分量 a 和 b 来表示颜色的。其中,L 的取值范围是 0~100,a 分量代表由绿色到红色的光谱变化,而 b 分量代表由蓝色到黄色的光谱变化,a 和 b 的取值范围均为 -120~120。Lab 模式所包含的颜色范围最广,能够包含所有的 RGB 和 CMYK 模式中的颜色。CMYK 模式所包含的颜色最少。

除了上述 3 种最基本的颜色模式外,Photoshop 还支持位图模式、灰度模式、双色调模式、索引颜色模式和多通道模式等。

3. 图像的文件格式

1) PSD 格式

PSD 格式是 Photoshop 的默认文件格式,扩展名为".psd",是能够支持所有图像模式(位图、灰度、双色调、索引颜色、RGB、CMYK、Lab 和多通道)的文件格式,甚至还可以保存图像中的辅助线、alpha 通道和图层,为再次调整、修改图像提供了可能。

2) JPEG 格式

JPEG 格式是一种压缩图片文件格式,扩展名通常为".jpg",文件占用磁盘空间较小,常用于互联网上,可以显示网页(HTML)文档中的照片和其他连续色调图像。JPEG 格式保留 RGB 图像中的全部颜色信息,支持 RGB、CMYK 和灰度颜色模式,不支持 alpha 通道。

3) GIF 格式

GIF 格式是一种图形交换格式,扩展名为".gif",文件占用磁盘空间较小,常用于互联网上,可以显示网页文档中的索引颜色图形和图像。GIF 格式保留索引颜色图像中的透明度,不支持 alpha 通道。

4）TIFF 格式

TIFF 格式是标记图像文件格式,扩展名为".tif",大多数图像应用程序和扫描仪一般都支持 TIFF 格式。TIFF 格式支持具有 alpha 通道的 RGB、CMYK、Lab、索引颜色和灰度模式图像和无 alpha 通道的位图模式图像,可以用 TIFF 格式存储图层、注释和透明度。

5）PNG 格式

PNG 格式是便携网络图形格式,扩展名为".png",支持无损压缩,用于在网络上显示图像(某些 Web 浏览器不支持 PNG 图像)。PNG 格式支持无 alpha 通道的 RGB、索引颜色、灰度和位图模式图像,保留 RGB 和灰度图像中的透明度,支持 24 位图像并产生无锯齿状边缘的背景透明度。

6）PDF 格式

PDF 格式是便携文档格式,扩展名为".pdf"。PDF 格式可以显示和保留字体、页面版式以及位图图像和矢量图形,还可以包括电子文档导航(如电子链接)和搜索功能。

图像的内容和用途的不同,选用的图像格式也不同。例如,要用于网页的图像通常应选用压缩效果较好的 JPEG 或 GIF 格式,使文件占用较小的网络存储空间并使文件的网络传输时间较短。虽然都是用于网页图像,还要根据图像的内容做进一步的选择。如果图像具有连续色调(如照片),则应选用 JPEG 格式;如果图像具有单调颜色或者含有清晰细节,则应选用 GIF 格式。

任务 2　制作创意照片——Photoshop CS5 新增功能初体验

 任 务 要 求

利用"操控变形"命令,制作如图 1-25 所示的照片效果。

图 1-25　效果图

- 本案例主要运用"操控变形"命令将图像变形；
- 学习图层面板的使用；
- 运用移动工具移动图像。

(1) 打开素材图片"路灯.psd"，如图 1-26 所示。

(2) 打开"图层"面板，选中"图层 1"，单击图层 2 左面的"指示图层可见性"按钮 ，将图层 2 关闭，用同样的方法关闭图层 3、图层 4、图层 5、图层 6，如图 1-27 所示。

图 1-26　路灯素材图片

图 1-27　图层面板

(3) 单击"编辑→操控变形"命令，在图像上出现网格。将鼠标移动到网格上，当鼠标变为 时，单击鼠标便可添加图钉，如图 1-28 所示。拖动添加的图钉，可以发现灯柱像面条一样，可以随意弯曲，如图 1-29 所示。调整满意后，单击"工具选项栏"中的"确认操控变形"按钮 ，确认变形效果。

(4) 再次单击图层 2 前面的"指示图层可见性"按钮，让图层 2 可见；然后重复步骤(3)的操作，调整到自己满意的效果后，单击"确认操控变形"按钮，确认变形效果。对图层 3、图层 4、图层 5、图层 6，也分别做同样的调整。得到的效果如图 1-30 所示。

图 1-28　添加图钉后的效果

（5）在"图层面板"中，将"背景"图层左面的  关闭，然后选中"图层 1"，右击，在出现的下拉菜单中选择"合并可见图层"命令，如图 1-31 所示，将除背景层之外的所有图层合并，然后再将背景图层的 👁 打开。图层面板如图 1-32 所示。

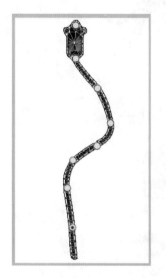

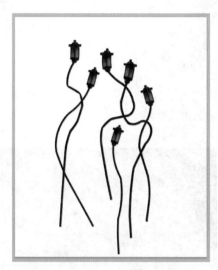

图 1-29　操控变形后的效果　　　图 1-30　六个路灯变形后的效果　　　图 1-31　右击出现的
下拉菜单

（6）打开素材"猫.psd"，如图 1-33 所示。

图 1-32　合并图层后的面板　　　　　图 1-33　猫的素材图片

（7）打开图层面板，选中猫所在的"图层 1"，对猫进行步骤（3）中提到的"操控变形"操作，添加的图钉效果如图 1-34 所示，变形后的效果如图 1-35 所示。当然，只要调整出符合运动规律的跳跃形态即可。

（8）打开素材"背景图片.jpg"，如图 1-36 所示。单击工具箱中的"选择工具" ，分别将变形后的路灯和猫拖曳到背景图片中，放到合适的位置即可，如图 1-25 所示。

图 1-34 猫添加图钉效果

图 1-35 猫变形后的效果

图 1-36 背景图片

Photoshop CS5 的新增功能

2010 年 4 月 Adobe 公司推出了 Photoshop CS5 版本,在 Photoshop CS5 中增加了轻松完成精确选择、内容感知型填充、操控变形等功能,还添加了用于创建与编辑 3D 和基于动画内容的突破性工具及菜单命令与面板。在此版本中,软件的界面与功能的结合更趋于完美,各种命令与功能不仅得到了很好的扩展,还最大限度地为我们的操作提供了简捷、有效的途径。

在 Photoshop CS5 中,单击标题栏中的 ≫ 图标,在展开的菜单中选择"CS5 新功能"选项,更换为相应的界面。此时,任意单击菜单,在展开的菜单中,Photoshop CS5 的新增功能部分显示为蓝色,方便我们查看新增的功能,如图 1-37 所示。

1. 新增的"Mini Bridge 中浏览"命令

借助更灵活的分批重命名功能,可以轻松管理媒体。使用 Photoshop CS5 中的"Mini

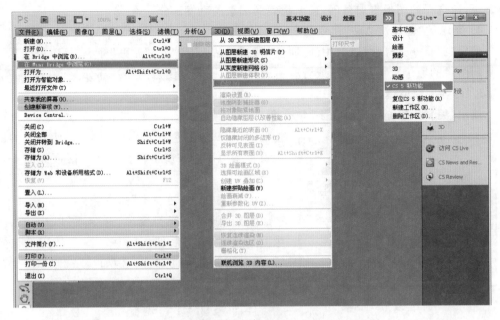

图 1-37　在展开的菜单中新增功能显示为蓝色

Bridge 中浏览"命令,可以在工作环境中访问资源。其面板如图 1-38 所示。

2. 增强的"合并到 HDR Pro"命令

使用"文件→自动→合并到 HDR Pro"命令,可以创建写实或超现实的 HDR 图像。借助自动消除叠影以及对色调映射,可以更好地调整控制图像,以获得更好的效果,甚至可使单次曝光的照片获得 HDR 图像的外观。其对话框如图 1-39 所示。

图 1-38　Mini Bridge 面板

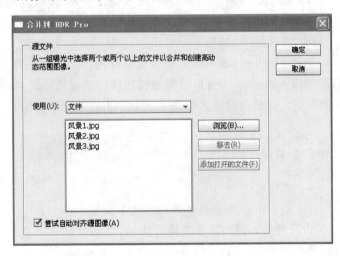

图 1-39　"合并到 HDR Pro"对话框

3. 精确地完成复杂选择

使用"魔棒"工具,单击鼠标就可以选择一个图像中的特定区域,轻松选择复杂的图像元素;再使用"调整边缘"命令,可以消除选区边缘周围的背景色,自动改变选区边缘并改进蒙版,使选择的图像更加精确,甚至精确到细微的毛发部分。

4. 新增的"选择性粘贴"命令

使用"编辑→选择性粘贴"中的"原位粘贴"、"贴入"和"外部粘贴"命令,可以根据需要在复制图像的原位置粘贴图像,或者有所选择地粘贴复制图像的某一部分。

5. 内容感知型填充

使用"编辑→填充→内容识别"填充命令,可以删除任何图像细节或对象。这一突破性的技术与光照、色调及噪声相结合,使删除的图像看上去似乎本来就不存在。其对话框如图 1-40 所示。

图 1-40 "填充"对话框

6. 新增的"操控变形"命令

使用"编辑→操控变形"命令,可以在一张图像上建立网格,然后使用"图钉"固定特定的位置后,拖动需要变形的部位。例如,轻松伸直一个弯曲角度不舒服的手臂等。

7. 新增的"HDR 色调"命令

使用"图像→调整→HDR 色调"命令,可以修补太亮或太暗的图像,制作出高动态范围的图像效果。

8. 新增的"镜头校正"命令

使用"滤镜→镜头校正"命令,可以根据 Adobe 对各种相机与镜头的测量进行校正,更轻易地消除桶状和枕状变形、照片周边暗角,以及造成边缘出现彩色光晕的色相差。

9. 出众的绘画效果

借助混色器画笔和毛刷笔尖,可以创建逼真、带纹理的笔触,轻松地将图像转变为绘图或创建独特的艺术效果。

10. 增强的 3D 功能

在 Photoshop CS5 中,对模型设置灯光、材质、渲染等方面都得到了增强。结合这些功能,在 Photoshop 中可以绘制透视精确的三维效果图,也可以辅助三维软件创建模型的材质贴图。这些功能大大拓展了 Photoshop 的应用范围。

思考与实训

一、填空题

1. Photoshop 图像最基本的组成单元是(　　　)。

2. 计算机处理的图形图像有两种,分别是(　　　)和(　　　)。其中,放大时不会发生失真现象的是(　　　),占用存储空间比较大的是(　　　)。

3. Photoshop 默认的颜色模式是(　　　),专为印刷而设计的颜色模式是(　　　)。为防止颜色丢失现象的发生,在 Photoshop 中将 RGB 颜色模式转换为 CMYK 模式时,应利用(　　　)作为中间过渡模式。

4. Photoshop 专用的图像文件格式是(　　　),支持透明设置的图像文件格式有（　　）格式和（　　）格式。

5．Photoshop CS5 的工作界面主要由（　　）、菜单栏、工具选项栏、面板和（　　）等组成。

6．若要将 RGB 模式的图像转化为位图模式的图像，正确的做法是先将图像转化为（　　）模式，再转化为位图模式。

7．"历史记录"面板下方三个按钮的名称从左向右依次是（　　）、（　　）和删除当前状态。

二、上机实训

1．启动 Photoshop CS5，说出 Photoshop 窗口中各部分的名称，对工具箱进行伸缩变换，对面板进行展开与收缩、拆分与组合操作。

2．打开图像文件"卡通彩绘风景.psd"，如图 1-41 所示。

图 1-41　图片"卡通彩绘风景.psd"

3．打开"图层"面板，利用"图层显示/隐藏"标记对各图层进行显示与隐藏的切换。

4．利用"抓手工具"和"导航器"面板，改变图像在窗口中的显示位置。

5．利用"历史记录"面板将图像恢复为刚打开时的状态。

6．同时打开另外的两幅或更多幅图像，用不同的方式对各图像进行各种排列方式的设置。

7．关闭所有图像，退出 Photoshop CS5。

第2章

数码照片艺术处理

将图 2-1 原图利用选区的创建与编辑，完成如图 2-2 所示的聚光效果（突出主体的时候把主体以外的部分加深、加暗处理，效果非常明显）。

图 2-1 原图

图 2-2 效果图

任 务 分 析

- 利用椭圆选框工具，建立选区；
- 设置选区的羽化值，然后反选；
- 创建新图层，利用填充工具对选区进行填充；
- 设置图层的不透明度完成任务制作。

制 作 流 程

（1）单击菜单"文件→打开"命令，打开第 2 章"素材 2-1.jpg"文档，如图 2-3 所示。

图 2-3　打开文件

（2）选择工具箱中的椭圆选框工具，按住 Shift 键并拖动鼠标，在图像中间拖出一个正圆选区，如图 2-4 所示（可以在绘制选区时按空格键调整选区位置）。

（3）单击"选择→修改→羽化"命令，如图 2-5 所示。设定羽化半径的值为 100，如图 2-6 所示。

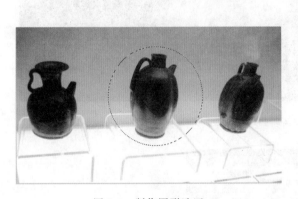

图 2-4　制作圆形选区　　　　　　　　图 2-5　羽化

（4）单击"选择→反向"命令，如图 2-7 所示，使选区反向选择（或者使用快捷键 Shift＋Ctrl＋I）。

图 2-6　设置羽化值

（5）打开图层面板，在背景层上新建一个"图层 1"，如图 2-8 所示。用油漆桶工具在图像上填充黑色，如图 2-9 所示。设置该图层的不透明度为 65％，如图 2-10 所示。

图 2-7　反选选区

图 2-8　新建图层

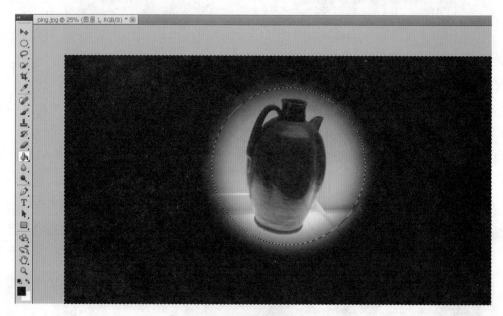

图 2-9　填充黑色

图 2-10　设置图层的不透明度为 65％

3.1　规则选择工具的使用

规则选择工具即为工具箱中的选框工具组,包括矩形选框工具、椭圆选框工具、单行选框工具及单列选框工具,如图 2-11 所示。

1. 矩形选框工具 [:::]

在图像上单击并拖动，可创建矩形选区。同时，按下 Shift
键，可创建一个正方形选区。

2. 椭圆选框工具 ◯

在图像上单击并拖动，可创建椭圆选区。同时，按下 Shift
键，可创建一个圆形选区。

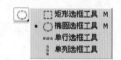

图 2-11 规则选择工具

3. 单行选框工具 ▱

在图像上单击，可创建一个横向贯穿窗口、宽度为一个像素的水平线形选择范围。

4. 单列选框工具 ▯

在图像上单击，可创建一个纵向贯穿窗口、宽度为一个像素的垂直线形选择范围。

3.2 选区的羽化

羽化的作用是柔化选区的边缘，使边缘产生一种自然的过渡效果。数值越大，柔和效
果越明显（如图 2-12～图 2-14 所示）。

图 2-12 羽化值为 0

图 2-13 羽化值为 5

图 2-14 羽化值为 10

通过工具选项栏中的"羽化"选项，可以设置羽化值，也可通过"选择→修改→羽化"来
设置羽化值，如图 2-15 和图 2-16 所示。

图 2-15 工具选项栏中的"羽化"选项，设置羽化值

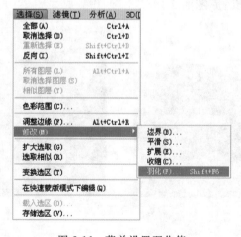

图 2-16 菜单设置羽化值

3.3 油漆桶工具

油漆桶工具用于对图像进行图案填充与单色填充,但不能对位图图像进行填充。选中该工具后,打开工具选项栏,如图 2-17 所示。

图 2-17 油漆桶选项栏

1. 设置填充区域的源下拉列表

在下拉列表中可以选择"前景"和"图案"两个选项。选择"前景"则给选区填充前景色(单色);选择"图案"则其右侧的"图案列表"按钮被激活,可以选择用于填充的图案。

2. 模式

从"模式"下拉列表中选择不同的混合模式,可以创建各种特殊的图像效果,用来设置选区内填充的图案或前景色与图像原有的底色混合的方式。

3. 不透明度

用来设置填充的图案或前景色的"不透明度",数值越小,透明度越高。

4. 容差

用来定义填充像素的颜色相似程度,取值范围为 0~255。容差值越大,填充的范围越大

任务 4 照片合成

利用不规则选择工具,原图如 2-18 所示,制作完成如图 2-19 所示的效果图。

图 2-18 原图

图 2-19 效果图

任 务 分 析

- 利用套索工具对部分图像建立选区；
- 使用移动工具对所选图像进行移动复制；
- 使用"编辑→变换"命令对图像缩放调整，完成图像的合成。

制 作 流 程

（1）单击"文件→打开"命令，打开第 2 章"素材 2-2.jpg"及"素材 2-3.jpg"文档，如图 2-20、图 2-21 所示。

图 2-20　打开素材文件

图 2-21　素材文件

（2）选中"素材 2-3.jpg"文档，选择工具箱中的磁性套索工具，利用磁性套索工具对鹅及其倒影建立选区，如图 2-22 所示。

图 2-22　磁性套索工具对鹅及其倒影建立选区

（3）选择工具箱中的移动工具，使用移动工具将选中的鹅及其倒影图像移动到"素材 2-2.jpg"图像中，如图 2-23 所示。

图 2-23　图像移动到素材图像中

（4）单击"编辑→变换→缩放"命令（或使用组合键 Ctrl＋T）对图像进行缩放调整，如图 2-24 所示。

图 2-24 单击"编辑→变换"命令对图像进行缩放调整

（5）按住 Alt 键，结合移动工具再复制一只鹅的图像，调整大小合适后，完成制作，如图 2-25 所示。

图 2-25 完成后的效果图

4.1　不规则选择工具

不规则选择工具包括套索工具、多边形套索工具、磁性套索工具,如图 2-26 所示。

1. 套索工具

套索工具类似徒手绘画工具,只需要按住鼠标左键,
然后在图形内拖动,鼠标的轨迹就是选择的边界;同时,
使用 Alt 键,可以绘制直线。如果起点和终点不在一个点
上,那么默认通过直线使之连接。

图 2-26　不规则选择工具

套索工具的优点是使用方便、操作简单,缺点是难以控制。其主要用在精度不高的区
域选择上,如图 2-27 所示。

2. 多边形套索工具

多边形套索工具用来在图像中制作由直线组成的多边形选区。当使用 Shift 键时,
可以创建出垂直线、水平线和 45°线。

多边形套索工具适合不规则直边对象的选取,如图 2-28 所示。

图 2-27　使用套索工具对衣服建立选区

图 2-28　使用多边形套索工具对门建立选区

3. 磁性套索工具

磁性套索类似一个感应选择工具,是一种具有识别边缘功能的套索工具。它根据要
选择的图像边界像素点的颜色来决定选择工作方式。在图像和背景色差别较大的地方,
单击鼠标左键选取起点;然后沿图形边缘移动鼠标,磁性套索工具根据颜色差别自动选
择,回到起点时会在鼠标的右下角出现一个小圆圈,表示区域已封闭;此时单击鼠标左键
即可完成此操作。

磁性套索工具适合选取边缘比较清晰、与背景反差较大的图像。其选项栏如图 2-29 所示,选取效果如图 2-30 所示。

图 2-29　磁性套索工具选项栏

图 2-30　使用磁性套索工具对礼帽建立选区

1) 宽度

"宽度"可填入 1～256 的像素值。它可以设置一个像素宽度,"磁性套索工具"只检测从鼠标光标到指定的宽度距离范围内的边缘,并在视图中绘制选区。

2) 对比度

"对比度"可填入 1～100 的百分比值。它可以设置"磁性套索工具"检测边缘图像灵敏度。如果你要选取的图像与周围的图像之间的颜色差异比较明显(对比度较强),那么就应设置一个较高的百分数值;反之,对图像较为模糊的边缘,应输入一个较低的边缘对比度百分数值。

3) 频率

"频率"可填入 0～100 的值。它可以设置此工具在选取时关键点创建的速率。设定的数值越大,标记关键点的速率越快,标记的关键点就越多;反之,设定的数值越小,标记关键点的速率越慢,标记的关键点就越少。当查找的边缘较复杂时,需要较多的关键点来确定边缘的准确性,可采用较大的频率值;当查找的边缘较光滑时,不需要太多的关键点来确定边缘的准确性,可采用较小的频率值。

4.2　移动工具

　　移动工具主要用于移动图层中的图像或选择的对象,用鼠标单击"移动工具"或使用快捷键 V 后,就会切换至移动工具。

　　移动时,可以用鼠标或方向键进行操作。用鼠标可以直接拖动对象至目标位置,实现幅度较大的移动;用方向键也可以进行相应方向的移动,但方向键移动的幅度较小,可以实现精确移动。移动对象时使用 Alt 键,在拖动的同时可实现对象的复制。

任务5　移除照片中的人物

 任 务 要 求

　　利用内容识别功能,移除照片中的人物,如图 2-31 和图 2-32 所示。

图 2-31　原图　　　　　　　　　　　　　图 2-32　效果图

任 务 分 析

- 使用套索工具对要去除的人物进行选区的制作;
- 使用"编辑→填充"命令中的"内容识别",把人物从图像中去除。

制 作 流 程

　　(1) 单击"文件→打开"命令,打开素材文件"素材 2-4. jpg",如图 2-33 所示。

　　(2) 使用套索工具对要去除的人物建立选区,如图 2-34 所示。

　　(3) 单击"编辑→填充"命令,如图 2-35 所示。

图 2-33　打开素材 2-4.jpg

图 2-34　建立人物选区

（4）在弹出的"填充"对话框中，确认正在使用的功能是"内容识别"，模式为"正常"，不透明度"100％"，如图 2-36 所示。

图 2-35 单击"编辑→填充"命令

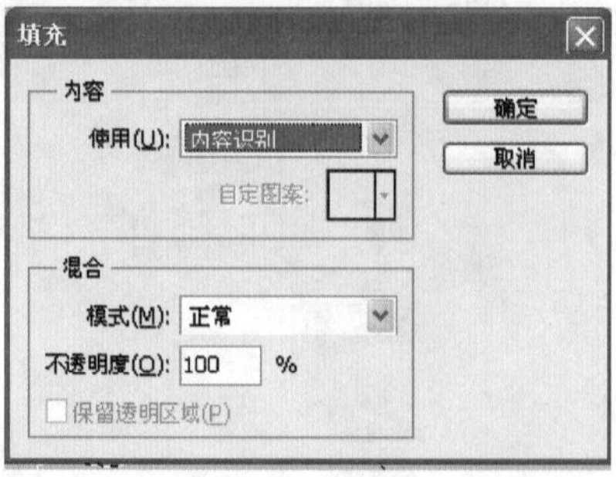

图 2-36 "填充"对话框选项

（5）取消选区后，完成制作。

内容识别

Photoshop CS5 为我们带来了一种革命性的工具——内容识别，可以轻松地将填充命令和污点修复画笔的能力提升到一个新的高度。

所谓内容识别，是指当我们对图像的某一区域进行覆盖填充时，由软件自动分析周围图像的特点，将图像进行拼接组合后，填充在该区域并进行融合，从而达到快速、无缝的拼接效果。使用时，在"填充"对话框的下拉列表中选择即可，如图 2-37 所示。

图 2-37 "内容识别"的使用

 **任务6 动感照片**

任务要求

将一张人物动作照片通过 Photoshop 中的操控变形功能，处理成具有运动效果的照片，从而增加其动感效果，如图 2-38 和图 2-39 所示。

图 2-38 原图　　　　　　　　　　　图 2-39 效果图

任 务 分 析

- 使用魔术棒工具制作人物选区；
- 创建新"图层 1"，并将人物复制到"图层 1"上；
- 复制"图层 1"并命名为"图层 2"，利用操控变形功能将人物变形，并调整该图层不透明度为 60%；
- 复制"图层 1"并命名为"图层 3"，重复上一步操控变形，继续将人物进行变形，并调整该图层不透明度为 40%；
- 调整图层顺序并合并图层，完成制作。

制 作 流 程

（1）单击"文件→打开"命令，打开素材文件"变形.jpg"，如图 2-40 所示。

（2）选择工具箱中的魔棒工具 ，对图像中的人物建立选区，然后使用 Shift＋Ctrl＋I 组合键对选区进行反选，如图 2-41 所示。

（3）单击"图层→新建→通过剪切的图层"命令，创建"图层 1"，如图 2-42 所示。

（4）选中"图层 1"，右击，在弹出的菜单中单击"复制图层"命令，并在弹出的对话框中将复制的图层命名为"图层 2"，如图 2-43、图 2-44 所示。

（5）选中"图层 2"，单击"编辑→操控变形"命令，如图 2-45 所示。

（6）人物图像的身体有网格出现，我们可以通过选项栏改变网格的浓度程度，点越多，细节可以调整得越好，如图 2-46 所示。

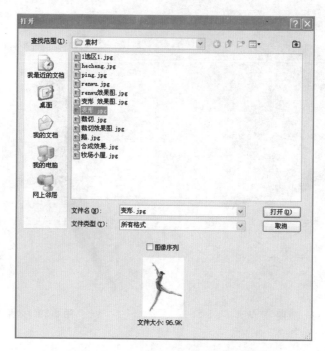

图 2-40   打开素材文件"变形.jpg"

图 2-41   在图像中建立人物选区并反选

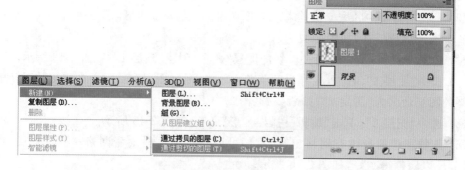

图 2-42   单击"图层→新建→通过剪切的图层"命令,创建"图层 1"

图 2-43　复制图层

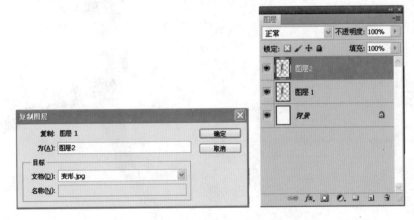

图 2-44　命名为"图层 2"

图 2-45　单击"编辑→操控变形"命令

图 2-46　人物图像中的网格

（7）在人物主要关节处单击鼠标左键，添加图钉（即一个黄色的圆点），通过移动这些圆点，我们就能够改变人物肢体的位置；然后按 Enter 键，结束变形，如图 2-47 所示。

图 2-47　通过操控变形改变人物肢体位置

（8）调整"图层 2"的不透明度为 60％，如图 2-48 所示。

（9）选中"图层 2"，右击，在弹出的菜单中单击"复制图层"命令，并在弹出的对话框中

图 2-48　调整"图层 2"不透明度为 60%

将复制的图层命名为"图层 3"。重复步骤(5)、(6)、(7),继续调整人物肢体位置。设置"图层 3"的不透明度为 40%,如图 2-49 所示。

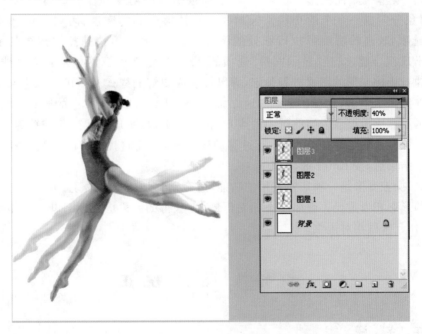

图 2-49　设置"图层 3"的不透明度为 40%

(10)调整"图层 1"的顺序,将"图层 1"置于最上层,保存并完成操作,如图 2-50 所示。

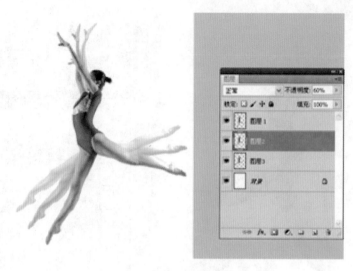

图 2-50　调整图层顺序完成制作

操控变形

　　Photoshop CS5 和以前的版本相比,包含不少新的功能在里面。"操控变形"功能就是新增加的一项功能,可以赋予图像"灵魂",不需要建模与贴图,就能实现伪立体动作变形。

　　单击"编辑→操控变形"命令,可以看到被操控的对象身上出现了密密麻麻的网格,把对象分割成一个个的小块。假如我们想调整分割的密度,可以使用选项栏上的"浓度"选项,较高的密度可执行细处的调节,较低的密度可快速摆出想要的姿态。使用 Ctrl＋H 组合键,或把"显示网格"选项的"√"取消,就可把网格从我们视线中消除。对将要执行操控变形的图像进行设定,等鼠标变成图钉的样式 ,可以用它来定义变形关节。在图像上单击,就会在单击的地方加上一个图钉(即一个黄色的圆点,黄色圆点中有黑色的小点表示该点为当前选中的点)。按 Alt 键,当图形形状变化成剪刀样子时,就可以删除该点。设定好关节点后,通过移动这些圆点,我们就能够改变被操控对象的位置。调节结束后,按 Enter 键,结束操作。

　　总之,操控变形是一项非常实用的功能,适合动物类的运动表现。需要注意的是,原始素材的形态相当重要。假如动态相对舒展,则获得的结果会相对理想;假如肢体相互重叠,制作起来就相对困难。

任务 7　照 片 扶 正

任 务 要 求

　　一张照片由于拍摄技术的原因把原来正向的建筑拍斜了,我们可以利用裁切工具将倾斜的照片调整过来,如图 2-51、图 2-52 所示。

图 2-51　原图　　　　　　　　　　　　　图 2-52　效果图

任务分析

- 使用裁切工具将拍摄倾斜的照片框选；
- 使用裁切工具选项栏上的"透视"选项，将倾斜的照片扶正。

制作流程

（1）单击"文件→打开"命令，打开素材"文件 2-6.jpg"。

（2）选择工具箱中的裁切工具，在图像中拖出一个裁剪框，并旋转裁剪框，如图 2-53 所示。

图 2-53　在图像中建立一个裁剪框

（3）在裁剪工具选项栏中打开"透视"选项，调整裁剪框中上方的两个控制点，如图 2-54 所示。

图 2-54　使用裁切工具中的透视选项调整

（4）调整后，按 Enter 键结束，完成制作。

裁切工具

裁剪工具可以在图像或图层中裁剪下所选定的区域。图像区域选定后，在选区边缘将出现 8 个控制点，用于改变选区的大小，同时还可以旋转选区。选区确定后，可通过 3 种方式：双击选区；按 Enter 键；单击选项栏中的"提交当前裁切操作"按钮，确认裁剪。裁剪工具选项栏，如图 2-55 所示。

图 2-55　裁剪工具选项栏

裁切工具中，"宽度"和"高度"用来设定裁剪后图像的宽度和高度；"清除"按钮用于清除所有设定值；"分辨率"用于设定裁剪后图像的分辨率；"前面的图像"按钮是使用前面图像的所有参数作为裁剪后图像的参数。

当选择好裁剪区域后，裁剪工具选项栏将显示出另一种状态，如图 2-56 所示。

图 2-56　裁剪工具选项栏显示另一种状态

"屏弊"复选框中，勾选此项，则非裁剪区域将被阴影遮盖显示；"颜色"用于设定非裁剪区域阴影的颜色；"不透明度"用于设定非裁剪区域阴影颜色的透明度。"透视"复选框中，"透视"是指物体的轮廓会随观察者视角的变化按照一定的规律产生变形，从而得到逼真的立体视觉效果。勾选此项，可以设定图像或裁剪区的中心点以及大小，裁剪后图像将按照透视关系被展平。利用此项功能，可以用来制作三维贴图。

任务 8　为照片添加彩虹效果

任　务　要　求

利用渐变工具，为照片添加彩虹效果，如图 2-57 和图 2-58 所示。

图 2-57　原图　　　　　　　　　　　　　　图 2-58　效果图

任　务　分　析

- 创建新"图层 1"，并在"图层 1"上选择渐变工具进行填充前的准备；
- 打开渐变编辑器，进行彩虹渐变的设置；
- 在渐变工具选项栏上选择径向渐变方式，在"图层 1"上进行渐变填充；
- 单击"编辑→变换"命令对彩虹进行适当调整；
- 设置"图层 1"的模式为叠加，并调整其透明度，完成制作。

制　作　流　程

（1）单击"文件→打开"命令，打开素材"文件 2-7.jpg"。

（2）选择渐变工具，打开渐变编辑器，设置彩虹渐变方案，如图 2-59、图 2-60 所示。

（3）新建"图层 1"，在渐变工具选项栏中选择"径向渐变"方式，并在"图层 1"中进行渐变填充，如图 2-61 所示。

（4）按 Ctrl＋T 组合键，对"图层 1"上的图像进行自由变换；再使用移动工具对图像进行移动，如图 2-62 所示。

单击打开渐变编辑器

图 2-59　渐变工具及选项栏

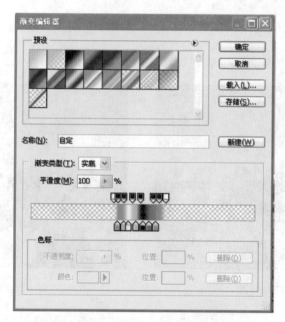

图 2-60　在渐变编辑器中设置彩虹渐变方案

图 2-61　在"图层 1"中进行径向渐变填充

图 2-62　对彩虹部分进行调整

（5）使用橡皮擦对多余的部分图像进行擦除，设置如图 2-63 所示；再使用移动工具对图像进行适当移动。

图 2-63　对图像中多余部分进行擦除

（6）设置"图层 1"的模式为叠加，并设置其不透明度为 30％。完成制作，如图 2-64 所示。

图 2-64　设置"图层 1"模式及透明度

8.1　填充工具

填充工具主要包括渐变填充工具和油漆桶工具。油漆桶工具前面已作了介绍,这里主要介绍一下渐变填充工具。

渐变填充工具可以在图像区域或图像选择区域中填充一种渐变混合色,不能用于位图、索引颜色或每通道 16 位模式的图像。使用方法是按住鼠标左键拖动,形成一条直线,直线的长度和方向决定渐变填充的区域和方向。如果在拖动鼠标时按 Shift 键,则可保证渐变的方向是水平、垂直或成 45°角。默认的渐变是创建一个从前景色逐渐混合到背景色的填充。渐变填充工具的选项栏,如图 2-65 所示。

图 2-65　渐变填充工具选项栏

单击渐变工具选项栏中"点按可编辑渐变"按钮 ，打开"渐变编辑器"对话框,如图 2-66 所示。可以通过此对话框,建立一个新的渐变色或编辑一个旧的渐变色。

其中,"预设"可从列表区中选择渐变样式;"渐变设计条"是用来定义新的编辑样式;"渐变类型"是用来设置渐变的类型;"平滑度"可设置颜色过渡的效果,数值越大,过渡效果越自然。

渐变工具有 5 种渐变类型:线性渐变、径向渐变、角度渐变、对称渐变、菱形渐变,如图 2-67 所示。

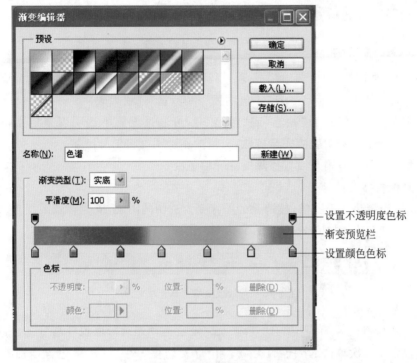

图 2-66 "渐变编辑器"对话框

右侧标注文字：
- 设置不透明度色标
- 渐变预览栏
- 设置颜色色标

线性渐变   径向渐变   角度渐变   对称渐变   菱形渐变

图 2-67 五种渐变类型

8.2 橡皮擦工具

橡皮擦工具组主要用于擦除图像中多余的图像，包括 3 个工具，如图 2-68 所示。

图 2-68 橡皮擦工具组

1. 橡皮擦工具

该工具用于对图像区域进行清理，被清除的区域将填充为背景色。其工具选项栏如图 2-69 所示。

- 模式：该列表有画笔、铅笔和块 3 个选项。当选择"画笔"或"铅笔"模式时，"橡皮

图 2-69　橡皮擦工具选项栏

擦工具"如同"画笔工具"或"铅笔工具";当选择"块"模式时,该工具具有硬边缘和固定大小的方块形状,且"不透明度"和"流量"选项无效。

- 不透明度:当模式为"画笔"或"铅笔"时,可通过设置不透明度来定义擦除的强度。100% 不透明度将完全擦除,较低的不透明度将部分擦除。
- 流量:"流量"是用来设置擦除的油彩的速度。

2. 背景橡皮擦工具

该工具用于清除背景图像,被清除的图像变为透明的图层,同时背景图层自动变为普通图层。其工具选项栏如图 2-70 所示。

图 2-70　背景橡皮擦工具选项栏

- "取样"选项:"取样"选项有"连续" (随着拖动连续采取色样)、"一次" (只抹除包含第一次单击的颜色的区域)和"背景色板" (只抹除包含当前背景色的区域)。
- 限制:"限制"有 3 种模式:"不连续"(抹除出现在画笔下面任何位置的样本颜色)、"邻近"(抹除包含样本颜色并且相互连接的区域)、"查找边缘"(抹除包含样本颜色的连接区域,同时更好地保留形状边缘的锐化程度)。
- 容差:在"容差"选项中可输入值或拖动滑块。低容差仅限于抹除与样本颜色非常相似的区域;高容差抹除范围更广的颜色。
- 保护前景色:该选项可防止抹除与工具框中的前景色匹配的区域。

3. 魔术橡皮擦工具

用魔术橡皮擦工具在图像上单击时,会自动擦除所有相似的颜色。如果是在锁定了透明区域的图层中擦除图像,被擦除的颜色会更改为背景色,否则擦除区域变为透明。其工具选项栏如图 2-71 所示。

图 2-71　魔术橡皮擦工具选项栏

- 消除锯齿:该选项可使抹除区域的边缘平滑。
- 连续:该选项只抹除与单击像素连续的像素,取消选择则抹除图像中的所有相似像素。
- 对所有图层取样:该选项利用所有可见图层中的组合数据来采集抹除色样。

任务9 儿童趣味照片制作

任务要求

利用仿制图章工具,制作儿童趣味照片,如图 2-72 和图 2-73 所示。

图 2-72 儿童趣味照片原图

图 2-73 儿童趣味照片效果图

任务分析

- 利用仿制图章工具制作 3 个儿童图像;
- 使用文字工具添加文字;
- 栅格化文字图层,并对文字图层样式进行设置;
- 单击"编辑→变换→变形"命令,对文字进行变形处理。

制作流程

(1) 单击"文件→打开"命令,打开素材文件"2-8.jpg"。

(2) 选择仿制图章工具 ,按 Alt 键在图像中选取合适的取样点,设置合适的画笔笔尖对儿童进行图像的仿制,如图 2-74 所示。

图 2-74   对儿童进行图像的仿制

(3) 重新设置仿制图章的取样点,重复步骤(2)操作过程,完成对儿童图像的仿制,如图 2-75 所示。

(4) 选择文字工具,输入文字"成长阶梯",并调整字体大小,如图 2-76 所示。

图 2-75   对儿童图像仿制   图 2-76   输入"成长阶梯"

（5）设置文字图层样式为渐变叠加、斜面和浮雕，如图 2-77 所示。

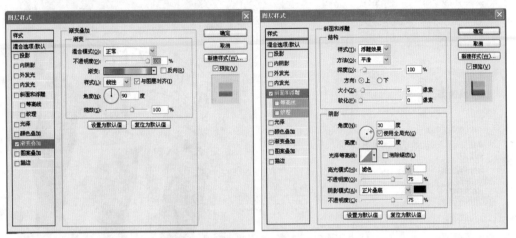

图 2-77　设置文字图层的渐变叠加以及斜面和浮雕样式

（6）在图层面板中选中文字层并右击，在弹出的菜单中选择"栅格化文字"命令，将文字图层转换成普通图层，如图 2-78 所示。

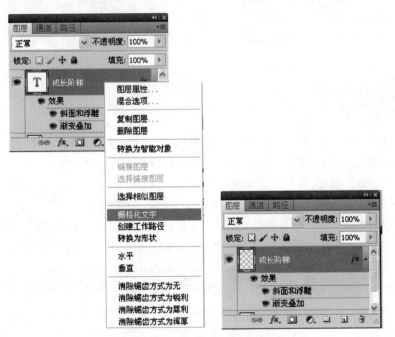

图 2-78　栅格化文字图层

（7）单击"编辑→变换→变形"命令，对文字进行变形处理，完成制作，如图 2-79 所示。

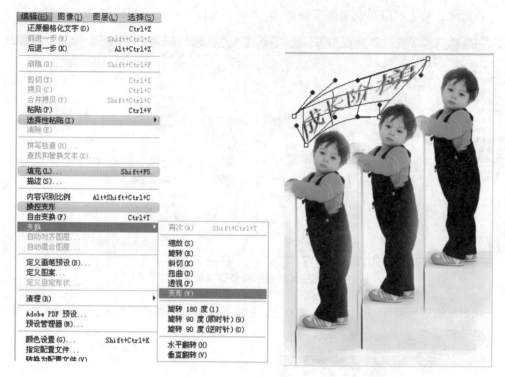

图 2-79　单击"编辑→变换→变形"命令对文字进行变形处理

图章工具

在 Photoshop 中,图章工具根据其作用方式被分成两个独立的工具:仿制图章工具 ▲ 和图案图章工具 ▲ ,组成 Photoshop 的一个图章工具组。

1. 仿制图章工具 ▲

仿制图章工具是 Photoshop 工具箱中很重要的一种编辑工具。在实际工作中,仿制图章可以复制图像的一部分或全部,从而产生某部分或全部的复制,是修补图像时经常要用到的编辑工具。仿制图章工具的选项栏,如图 2-80 所示。

图 2-80　仿制图章工具的选项栏

利用仿制图章工具复制图像,如图 2-81 所示。首先,要按 Alt 键,利用图章设置好一个取样点;然后松开 Alt 键,反复涂抹就可以复制了。

2. 图案图章工具 ▲

图案图章工具是用所选择的图案进行复制性质的绘画,可以从图案库中选择图案,也可以自己创建图案。其选项栏如图 2-82 所示。

图案:可以从图案库中选择要填充的图案,也可以自定义图案,具体定义方法如下。

图 2-81　用仿制图章工具复制图像

图 2-82　图案图章工具选项栏

（1）在图像中选取预定义的图像区域。

（2）单击"编辑→定义图案"命令，在弹出的对话框中输入图案名称，单击"确定"按钮。

（3）选择"图案图章工具"，并选择自己定义的图案，在图像中拖动鼠标即可复制图案。

"印象派效果"，勾选此复选框，可对填充的图案应用印象派效果。

任务 10　瑕疵照片的修复

任 务 要 求

利用修复工具组的工具，修复有瑕疵的照片，如图 2-83 和图 2-84 所示。

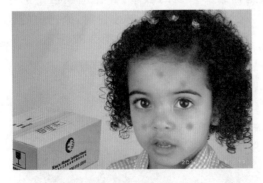

图 2-83　儿童瑕疵照片原图　　　　　图 2-84　儿童瑕疵照片效果图

![任务分析] 任务分析

- 利用内容识别功能，去掉图片中的纸箱；
- 使用修复工具组中工具，去除孩子脸上的痘印；
- 使用修复工具组中工具，去除照片拍摄时间；
- 使用红眼工具，去除红眼。

![制作流程] 制作流程

（1）单击"文件→打开"命令，打开素材文件"2-9.jpg"。

（2）选择矩形选框工具，在纸箱上建立一个矩形选区，右击，选择"填充"命令，在"填充"对话框中使用"内容识别"功能，去除纸箱；然后取消选区，如图 2-85 所示。

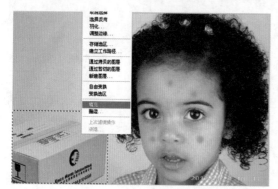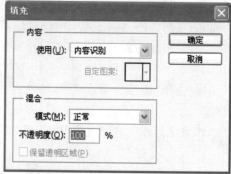

图 2-85　利用"内容识别"功能，去除纸箱

（3）选择修复工具组中的污点修复画笔工具 ，设置合适的画笔直径。在痘印处单击去除痘印；或者使用修复画笔工具，按 Alt 键设置取样点后，在图像中单击以去除痘印，如图 2-86 所示。

（4）使用修复工具 ，在图像中拖动以选择想要修复的区域，并在选项栏中选择"源"。将选区边框拖动到想要从中进行取样的区域。松开鼠标左键按钮时，原选中的区域被使用样本像素进行修补。配合修复画笔工具，将拍照日期去除，如图 2-87 所示。

图 2-86　使用污点修复工具去除痘印　　　图 2-87　使用修复工具及修复画笔工具去除拍照日期

（5）使用红眼工具，在人物的眼睛处单击，将图像中人物的红眼去除，如图 2-88 所示。

图 2-88　使用红眼工具，去除人物的红眼

（6）设置前景色为♯f0a124，使用文字工具组中选择"直排文字"工具，在图像中输入大小为 78 点的文字"童眼看世界"，如图 2-89 所示。

图 2-89　输入文字

（7）双击文字图层，打开"图层样式"对话框，分别设置"投影"、"外发光"、"斜面和浮雕"样式，完成制作。具体设置，如图 2-90～图 2-92 所示。

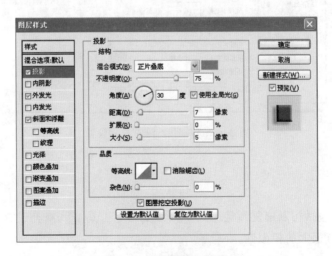

图 2-90　"投影"样式设置

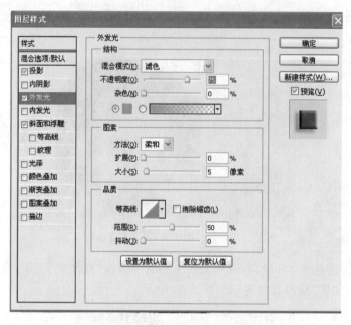

图 2-91　"外发光"样式设置

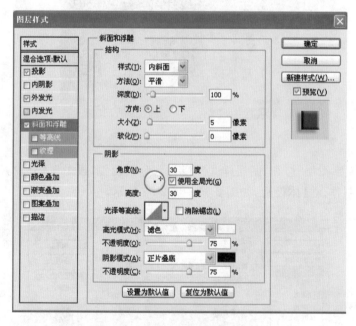

图 2-92　"斜面和浮雕"样式设置

修复工具组

　　修复工具组包括污点修复画笔工具 、修复画笔工具 、修补工具 和红眼工具 。这些工具有很大的相似性。

1. 污点修复画笔工具

所谓污点修复,也就是把画面上的污点涂抹去。污点修复画笔工具可以快速移去照片中的污点和其他不理想部分。污点修复画笔工具的工作方式与修复画笔类似,使用图像或图案中的样本像素进行绘画,并将样本像素的纹理、光照、透明度和阴影与所修复的像素相匹配。与修复画笔不同,不要求指定样本点,污点修复画笔工具自动从所修饰区域的周围取样。其选项如图 2-93 所示。

图 2-93　污点修复画笔工具选项栏

使用污点修复画笔工具,移去污点,如图 2-94 所示。

图 2-94　使用污点修复画笔工具,移去污点

2. 修复画笔工具

修复画笔工具可用于校正瑕疵,使其消失在周围的图像中。与仿制图章工具一样,使用修复画笔工具可以利用图像或图案中的样本像素来绘画。但是,修复画笔工具还可将样本像素的纹理、光照、透明度和阴影与所修复的像素进行匹配,从而使修复后的像素不留痕迹地融入图像的其余部分。其工具选项栏,如图 2-95 所示。

图 2-95　修复画笔工具选项栏

修复画笔工具有两种取样方式:一种是选择图案,利用该图案对画面进行修复,如图 2-96 所示;另一种是在图片上取样,选择"修复画笔",同时按 Alt 键,在图片的某一个地方单击取样,然后再在污点上单击,就可以把取样区域的内容修复到当前污点,如图 2-97 所示。

3. 修补工具

使用修补工具,可以使用其他区域或图案中的像素来修复选中的区域。如同修复画笔工具一样,修补工具会将样本像素的纹理、光照和阴影与源像素进行匹配,还可以使用

图 2-96   利用图案对画面进行修复

图 2-97   利用取样对画面进行修复

修补工具来仿制图像的隔离区域。修补工具可处理 8 位通道或 16 位通道的图像。其工具选项栏如图 2-98 所示。

图 2-98   修补工具选项栏

修补前后的图像对比如图 2-99 所示。

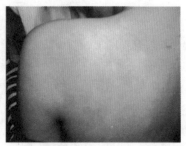

图 2-99   使用修补工具修补文身

4. 红眼工具

在拍照过程中,闪光灯的反光有时会造成人眼变红。"红眼工具"主要就是针对红眼的修复,实际上是将照片中的红色部分自动识别,然后将红色变淡。选择"红眼工具",在照片的红眼部分拖动鼠标,完成一个矩形选框,红眼就被自动去除。其可以设置的参数有瞳孔大小、变暗量,如图 2-100 所示。

图 2-100 使用红眼工具

思考与实训

一、填空题

1. 套索工具组包括( )、( )和( )。

2. 绘制圆形选区时,先选择椭圆选框工具,在按( )键的同时,拖动鼠标,就可以实现圆形选区的创建。

3. 选框工具组包括( )选框工具、( )选框工具、( )选框工具和( )选框工具。

4. 若要对图像进行自由变换,可以先单击( )菜单,再找到"自由变换"命令。

5. 渐变工具共有( )、( )、( )、( )及( )5 种渐变类型。

6. 仿制图章工具在使用前先取样,按( )键不放,在取样处单击,即可取样。

7. 对夜晚用闪光灯拍摄人物时,人物眼睛产生的红眼现象可以用( )工具修复。

二、简答题

1. 仿制图章工具和修复画笔工具的相同点及不同点。

2. 磁性套索工具和魔棒工具的不同之处。

三、上机实训

1. 利用 Photoshop CS5 中的操控变形功能,完成如图 2-101 所示的效果图。

提示：利用操控变形功能对人物进行变形操作，在复制图层完成效果图的制作。

图 2-101   原图及效果图

2. 利用修复工具组对老照片进行修复，如图 2-102 所示。

图 2-102   原图及效果图

第3章

装饰画与手绘国画的制作

任务 11 仿手绘水彩装饰画的制作

 任务要求

利用滤镜及图层属性，完成如图 3-1 所示的水彩装饰画效果。

图 3-1 水彩装饰画效果图

任务分析

- 使用快捷键 Shift＋Ctrl＋L 设置自动色阶；
- 使用快捷键 Ctrl＋J 复制图层；

- 单击"滤镜→模糊→高斯模糊"命令调节画面；
- 单击"滤镜→艺术效果→水彩"命令调节画面；
- 单击"滤镜→模糊→特殊模糊"命令调节画面；
- 设置"图层属性"，选择"叠加"得到所需要的效果。

制 作 流 程

（1）单击"文件→打开"命令，打开素材文件"3-1.jpg"。

（2）单击"图像→调整→亮度/对比度"命令，调节画面为亮度 60，如图 3-2 所示。

图 3-2　调亮画面

（3）使用快捷键 Shift＋Ctrl＋L，设置自动色阶，使素材图片效果更佳。

（4）使用快捷键 Ctrl＋J，复制图层，得到背景图层和"图层 1"两个完全一样的图层，如图 3-3 所示。

（5）选中"图层 1"，单击"滤镜→模糊→高斯模糊"命令，将画面调解成半径 6.0 的模糊效果，如图 3-4 所示。

（6）单击"滤镜→艺术效果→水彩"命令，设置画笔细节为 10、阴影强度为 0、纹理为 1，给画面加上水彩效果，如图 3-5 和图 3-6 所示。

（7）选中背景图层，单击"滤镜→模糊→特殊模

图 3-3　两个完全一样的图层

图 3-4　滤镜中的高斯模糊

图 3-5　单击"滤镜→艺术效果→水彩"命令后的效果图

糊"命令,将画面调节成半径 5.0、阈值 100、品质高、模式正常的模糊效果,如图 3-7 所示。

（8）设置"图层 1"的图层属性为"叠加",得到我们想要的仿手绘水彩画效果,如图 3-8 所示。

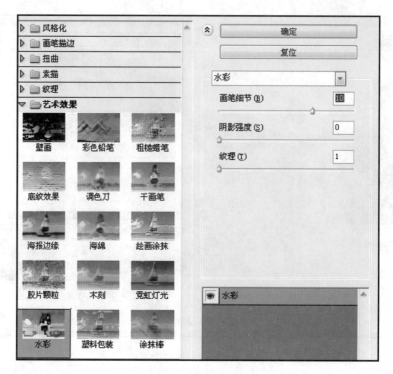

图 3-6   水彩效果设置

图 3-7   滤镜中的"特殊模糊"

图 3-8 图层属性

11.1 滤镜的基础知识

为了丰富照片的图像效果,摄影师们在照相机的镜头前加上各种特殊镜片,这样拍摄到的照片就包含了所加镜片的特殊效果,即称为"滤色镜"。特殊镜片的思想延伸到计算机的图像处理技术中,便产生了"滤镜"(filer),也称为"滤波器",是一种特殊的图像效果处理技术。一般来说,滤镜都是遵循一定的程序算法,对图像中像素的颜色、亮度、饱和度、对比度、色调、分布、排列等属性进行计算和变换处理,其结果使图像产生特殊效果。

Photoshop CS5 共有 3 种滤镜:内阙滤镜、内置滤镜(自带滤镜)、外挂滤镜(第三方滤镜)。内置滤镜与外挂滤镜在 Photoshop 安装目录下的 Plug-ins 子目录下。内阙滤镜是指内阙于 Photoshop 程序内部的滤镜(共 6 组 24 支),是由 Photoshop 程序对图像处理算法决定的。内置滤镜是指在默认安装 Photoshop 时,安装程序自动安装到 Plug-ins 子目录下的那些滤镜(共 12 组 76 支)。外挂滤镜是指除上述两类以外,由第三方厂商为 Photoshop 所开发的滤镜,这些滤镜针对 Photoshop 在功能上的不足,加以提升。在某些特定的领域,外挂滤镜处理效果比 Photoshop 处理得更加方便、快捷。

将第三方开发的滤镜称为外挂滤镜,是因为它们像外挂附件一样,是扩展寄主应用软件的补充性程序。Photoshop 根据需要,把外挂滤镜调入和调出内存。由于不是在基本应用软件中写入的固定代码,外挂滤镜具有很大的灵活性。最重要的是,可以根据意愿来更新外挂,而不必更新整个应用程序。目前,国内外有多家软件开发商正在从事 Photoshop 外挂滤镜的研发工作。据不完全统计,迄今为止,共有 800 多支外挂滤镜可供 Photoshop 用户选用。

11.2 滤镜的使用技巧

内置滤镜是 Photoshop 的特色工具之一。充分而适度地利用好内置滤镜,不仅可以改善图像效果、掩盖缺陷,还可以在原有图像的基础上产生许多特殊炫目的效果。内置滤镜分类如图 3-9 所示。

使用滤镜时需要注意滤镜只能应用于当前可视图层,且可以反复、连续应用,但一次只能应用在一个图层上;滤镜不能应用于位图模式、索引颜色和 48bit RGB 模式的图像;某些滤镜只对 RGB 模式的图像起作用,如 Brush Strokes 滤镜和 Sketch 滤镜就不能在 CMYK 模式下使用;滤镜只能应用于图层的有色区域,对完全透明的区域没有效果;有些滤镜完全在内存中处理,内存的容量对滤镜的生成速度影响很大;有些滤镜很复杂,或者要应用滤镜的图像尺寸很大,执行时需要很长时间,如果想结束正在生成的滤镜效果,可以按 Esc 键;上次使用的滤镜将出现在滤镜菜单的顶部,可以通过执行此命令,对图像再次应用上次使用过的滤镜。

图 3-9　Photoshop 中的滤镜

任务 12　木刻装饰画的制作

任 务 要 求

利用图层样式,完成如图 3-10 所示的木刻装饰画效果。

图 3-10　木刻装饰画效果

在图层样式混合选项里面可以设置图层的内阴影和颜色叠加特效。

（1）单击"文件→打开"命令，打开素材文件"蝴蝶.jpg"和"木纹.jpg"，如图 3-11 和图 3-12 所示。

图 3-11   素材蝴蝶

图 3-12   素材木纹

（2）把素材木纹作为背景图层，再将素材蝴蝶拖放到文件中作为"图层 1"，如图 3-13 所示。

（3）单击"图层 1"，打开选择中的"色彩范围"，设置容差为 120，选中"图层 1"中的黑色区域。

（4）再单击背景图层，将步骤（3）设置的选取控制在背景图层中，如图 3-14 所示。

图 3-13   背景图层和"图层 1"

图 3-14   选取控制在背景图层中

（5）使用快捷键 Ctrl＋C 复制选区，Ctrl＋V 粘贴。如果隐藏了背景图层，可以得到如图 3-15 的"图层 2"，而"图层 1"已经无用，删除即可。"图层 2"的效果，如图 3-15 所示。

图 3-15　隐藏背景图层后"图层 2"的效果

（6）双击"图层 2"打开图层样式，如图 3-16 所示，勾选"内阴影"选项，设置"混合模式"为"正片叠底"，"不透明度"为 100％、"角度"为 120 度、"距离"为 3 像素、"大小"为 2 像素，如图 3-17 所示。

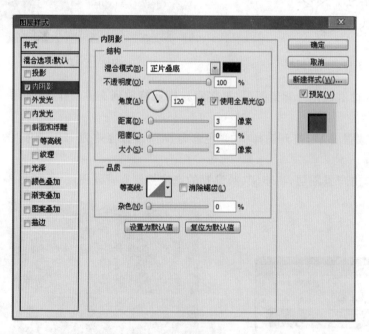

图 3-16　图层样式

（7）在图层样式中，打开"颜色叠加"选项，设置"混合模式"为"正片叠底"，"不透明度"为 60％，"角度"为 120°，"颜色"为红色，如图 3-18 和图 3-19 所示。

（8）用同样的方法，添加文字"木刻效果"，得到最终的效果图。

图 3-17　内阴影效果

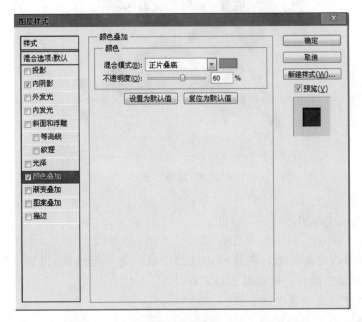

图 3-18　颜色叠加

图 3-19　颜色叠加效果

任务 13　手绘国画的制作

任 务 要 求

利用画笔工具和滤镜,完成如图 3-20 所示的国画效果。

图 3-20　国画效果图

任 务 分 析

- 利用手写板绘制国画。在绘制的过程中应一笔一笔地画,过程中笔触不要太拘谨,有时随意画出的效果可能会更好;
- 使用快捷键 B 设置画笔工具;
- 使用快捷键 R 设置模糊工具。

制 作 流 程

(1) 单击"文件→新建"命令,新建一张 800×600 像素的文件。

(2) 使用快捷键 B 设置画笔工具。

(3) 按照图 3-21 所示,选择画笔样式,并设置"不透明度"为 70%,"流量"为 70%。

图 3-21　调亮画面

(4) 按照图 3-22 所示,在文件中画出荷花的轮廓和枝干的轮廓。

(5) 画好后,将该图层先隐藏不显示。

（6）新建图层，将画笔的宽度调大，在新图层画出荷叶，如图 3-23 所示。

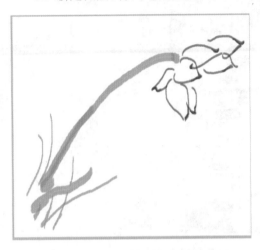

图 3-22　荷花与枝干的轮廓　　　　　　　　　　　图 3-23　荷叶

（7）画荷叶的时候不要太拘谨，同时注意荷叶的外形，注意用色要有深有浅，且有层次，如果画得不理想，可以使用快捷键 Ctrl＋Z 返回上一步操作。

（8）单击"滤镜→模糊→高斯模糊"，对荷叶进行模糊处理，"数量"为 100％，"半径"为 28.5 像素，如图 3-24 所示。

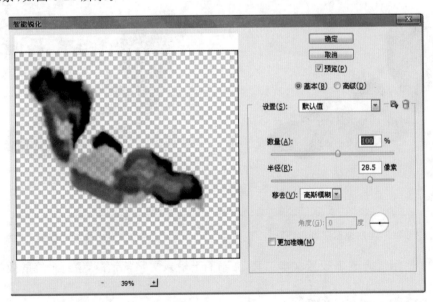

图 3-24　高斯模糊

（9）单击"滤镜→画笔描边→喷溅"命令，对模糊处理后的荷叶进行边缘处理，如图 3-25 所示。

（10）再新建一个图层，在新图层画出荷叶的叶脉，并设置新图层属性为"正片叠底"，如图 3-26 所示。

图 3-25　单击"滤镜→画笔描边→喷溅"命令处理荷叶

（11）使用快捷键 Ctrl＋Shift＋E 拼合所有图层，并在画面上点出荷花的花心以及枝干上的刺。使用快捷键 R 设置模糊工具，把刺与枝干接触的地方进行模糊处理，使其有墨被水润开的效果，如图 3-27 所示。

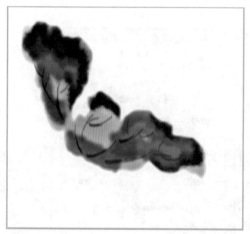

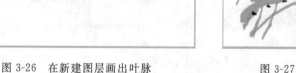

图 3-26　在新建图层画出叶脉　　　　　图 3-27　点出花心和枝干上的刺

（12）使用快捷键 T 设置文本工具，在画面上输入文字"荷香"，得到最终的效果图。

常用滤镜功能简介

1. 特殊滤镜

（1）抽出滤镜

"抽出滤镜"主要用来将一个对象从背景中分离出来，可以轻松地把图像从复杂的背景中选取。

（2）液化滤镜

"液化滤镜"可用于推、拉、旋转、反射、折叠和膨胀图像的任意区域，创建的扭曲可以是细微的或剧烈的。"液化滤镜"是修饰图像和创建艺术效果的强大工具。

（3）消失点

"消失点"滤镜可以在编辑包含透视平面的图像时保留正确的透视关系，经常用于制作建筑或家具中有透视效果的花纹。

（4）滤镜库

使用"滤镜库"，可以累积应用滤镜，并应用单个滤镜多次；还可以重新排列滤镜并更改已应用的每个滤镜的设置，以便实现所需的效果。但是，并非所有可用的滤镜都可以使用"滤镜库"来应用。

（5）智能滤镜

给对象图层添加"智能滤镜"时可以出现蒙版状态的滤镜效果，通过蒙版来控制需要添加滤镜的区域。同时，可以在同一个"智能滤镜"下面添加多种滤镜，并可以随意控制滤镜的顺序，类似图层样式。

2．内置滤镜

（1）风格化

"风格化"滤镜组可以置换像素、查找并增加图像的对比度，产生绘画和印象派风格的效果。

此滤镜组包含 9 种滤镜：查找边缘、等高线、风、浮雕、扩散、拼贴、曝光过度、凸出、照亮边缘。

（2）画笔描边

"画笔描边"滤镜组中的一部分滤镜通过不同的油墨和画笔勾画图像产生绘画效果，有些滤镜可以添加颗粒、绘画、杂色、边缘细节或纹理。使用该滤镜组中的滤镜时，将打开"滤镜库"。

此滤镜组包含 8 种滤镜：成角的线条、墨水轮廓、喷溅、喷色描边、强化的边缘、深色线条、烟灰墨、阴影线。

（3）模糊

"模糊"滤镜组可以削弱相邻像素的对比度并柔化图像，使图像产生模糊效果，在去除图像的杂色，或者创建特殊效果时会经常用到此类滤镜。

此滤镜组包含 11 种滤镜：表面模糊、动感模糊、方框模糊、高斯模糊、进一步模糊、径向模糊、镜头模糊、模糊、平均、特殊模糊、形状模糊。

（4）扭曲

"扭曲"滤镜组可以对图像进行几何扭曲，创建 3D 或其他整形效果。在处理图像时，这些滤镜会占用大量内存。

此滤镜组包含 13 种滤镜：波浪、波纹、玻璃、海洋波纹、极坐标、挤压、镜头矫正、扩散亮光、切边、球面化、水波、旋转扭曲、置换。

（5）锐化

"锐化"滤镜组可以通过增强相邻像素间的对比度来聚焦模糊的图像，使图像变得清晰。

此滤镜组包含 5 种滤镜：USM 锐化、进一步锐化、锐化、锐化边缘、智能锐化。

（6）视频

"视频"滤镜组可以将普通的图像转化为视频设备可以接收的图像。

此滤镜组包含两种滤镜：NTSC 颜色、逐行。

（7）素描

"素描"滤镜组可以将纹理添加到图像，常用来模拟素描和速写等艺术效果或手绘外观，其中大部分滤镜在重绘图像时都要使用前景色和背景色，设置不同的前景色和背景色可以得到不同的效果，可以通过"滤镜库"应用"素描"滤镜组中的滤镜。

此滤镜组包含 14 种滤镜：半调图案、便条纸、粉笔和炭笔、铬黄、绘图笔、基底凸显、水彩画纸、撕边、塑料效果、炭笔、炭精笔、图章、网状、影印。

（8）纹理

"纹理"滤镜组可以模拟具有深度感或物质感的外观，或添加一种器质外观。

此滤镜组包含 6 种滤镜：龟裂缝、颗粒、马赛克拼贴、拼缀图、染色玻璃、纹理化。

（9）像素化

"像素化"滤镜组可以通过使单元格中让颜色值相近的像素结成块来清晰地定义一个选区，可以创建彩块、点状、品格和马赛克效果。

这个滤镜组包含 7 种滤镜：彩块化、彩色半调、点状化、晶格化、马赛克、碎片、铜版雕刻。

（10）渲染

"渲染"滤镜组可以在图像中创建 3D 形象、云彩图案、折射图案和模拟的光反射。

此滤镜组包含 5 种滤镜：云彩、分层云彩、光照效果、镜头光晕、纤维。

（11）艺术效果

"艺术效果"滤镜组可以模仿自然或传统介质效果，使图像看起来更具有绘画或艺术效果，可以通过"滤镜库"应用所有艺术效果滤镜。

此滤镜组包含 15 种滤镜：壁画、彩色铅笔、粗糙蜡笔、底纹效果、调色刀、干画笔、海报边缘、海绵、绘画涂抹、胶片颗粒、木刻、霓虹灯光、水彩、塑料包装、涂抹棒。

（12）杂色

"杂色"滤镜组可以添加或去除杂色或带有随机分布色阶的像素，创建与众不同的纹理，也用于去除有问题的区域。

此滤镜组包括 5 种滤镜：减少杂色、蒙尘与划痕、去斑、添加杂色、中间值。

（13）其他

"其他"滤镜组有允许用户自定义滤镜的命令、使用滤镜修改蒙版的命令、在图像中使选区发生位移和快速调整颜色的命令。

此滤镜组包括 5 种滤镜：高反差保留、位移、自定义、最大值和最小值。

（14）Digimarc 滤镜组

"Digimarc"滤镜组用于读取水印和在图像中嵌入水印。

此滤镜组包括 2 种滤镜：读取水印、嵌入水印。

思考与实训

一、填空题

1. 设置自动色阶的快捷键是（　　）。

2. 复制图层的快捷键是（　　）。

3. 对所选范围进行填充的快捷键是（　　）。

4. 设置画笔工具的快捷键是（　　）。

5. 设置模糊工具的快捷键是（　　）。

6. 拼合所有图层的快捷键是（　　）。

7. 在图层上右击,选择混合选项,可以打开（　　）,或者双击图层来实现。

二、上机实训

1. 通过图层基本操作及添加图层样式,将如图 3-28 所示的素材制作成如图 3-29 所示的立体画效果。

图 3-28　纸素材　　　　　　　　　　　图 3-29　立体画效果

2. 利用"扭曲"滤镜和图层的"复制叠加",制作如图 3-30 所示的高光旋涡效果。

图 3-30　高光旋涡效果

第4章

版 面 制 作

任务 14　"学生守则"宣传单制作

任 务 要 求

利用所提供的素材"4-1.jpg",完成如图4-2所示的"学生守则"宣传单的效果。

图 4-1　素材原图

图 4-2　"学生守则"宣传单效果

任 务 分 析

- 通过添加填充图层,为图像填充前景颜色;
- 用直线工具绘制线条并复制线条层,增强图像的层次感;
- 利用文字工具添加文字图层。

制 作 流 程

(1) 单击"文件→新建"命令,打开如图 4-3 所示的"新建"对话框,设置后单击"确定"按钮。

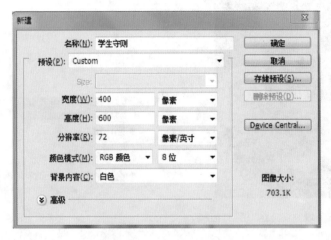

图 4-3 "新建"对话框

(2) 设置前景色为♯003399,使用 Alt＋Delete 组合键填充前景色。如图 4-4 所示添加参考线。设置前景色为♯999933,选定如图 4-5 所示的矩形区域,使用 Alt＋Delete 组合键填充前景色。

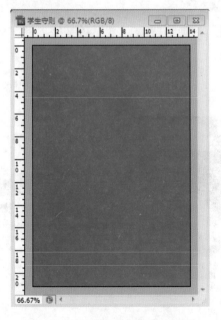

图 4-4 设置填充色并添加参考线

图 4-5 填充矩形框

（3）打开素材"4-1.jpg"，选择工具箱中的"移动工具" ，将素材拖放到当前"学生守则"窗口，使用组合键 Ctrl＋T，调整图像到合适大小，框选如图 4-6 所示区域，并复制框选区域到新的图层，如图 4-7 所示，删除"学生"图层。

图 4-6 添加填充层后的"图层"面板　　　　图 4-7 "学生"图像截取

（4）选择主菜单中的"视图"，单击"删除参考线"。选择工具箱中的"直线工具" ，设置属性如图 4-8 所示。画两条白色的直线，如图 4-9 所示。

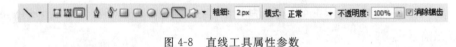

图 4-8 直线工具属性参数

（5）选择主菜单中的"横排文字工具" ，添加如图 4-10 所示的文字内容。

图 4-9 添加两条白色的直线图　　　　图 4-10 添加文字

任务 15 学校宣传二折卡制作

任 务 要 求

利用所提供的素材"4-11.jpg",完成如图 4-12 所示的学校宣传二折卡效果。

图 4-11 原图

图 4-12 二折卡效果

任 务 分 析

- 利用渐变工具,填充不同的颜色,划分不同区域;
- 调整图层的混合模式,使地图自然融合到背景中;
- 利用文字工具添加文字图层,并调整文字工具属性参数,使文字有不同的层次感。

（1）单击"文件→新建"命令，打开如图 4-13 所示的"新建"对话框，设置后单击"确定"按钮。

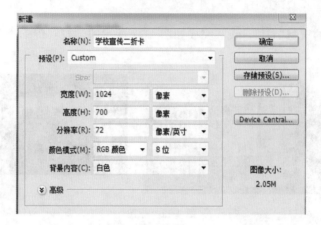

图 4-13　"新建"对话框

（2）使用 Ctrl＋R 组合键，调出标尺，添加如图 4-14 所示的参考线。

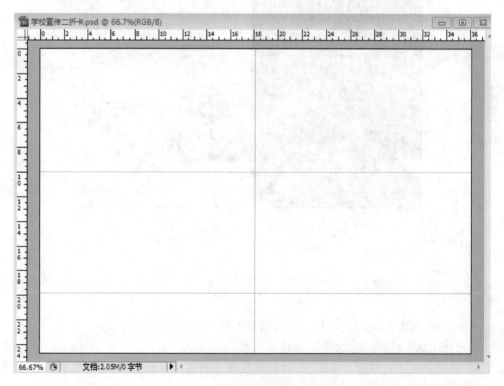

图 4-14　设置填充色并添加参考线

（3）使用矩形选框工具选中左侧折页，设置前景色为♯003466，使用 Alt＋Delete 组合键填充前景色。使用矩形选框工具选中如图 4-15 所示的右侧折页，设置前景色为♯9acccd，背景色为白色，选择渐变工具，自右至左拖拉填充线性渐变。

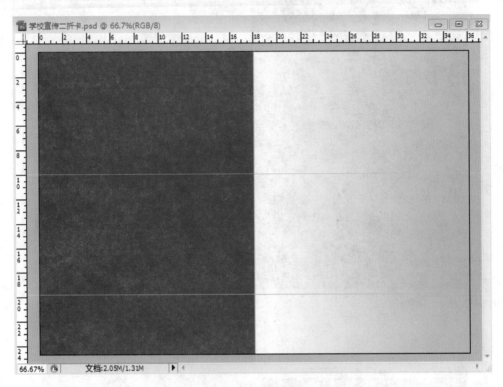

图 4-15　填充颜色

（4）打开"实训大楼.jpg"素材图像，使用移动工具将图像拖拉到"学校宣传二折卡.psd"窗口中。使用组合键 Ctrl＋T，调整图像大小和位置。打开"地图.psd"，用同样的方法拖拉到"学校宣传二折卡.psd"，调整位置与大小，选择"地图"图层的混合模式为"叠加"，"不透明度"为 40％，如图 4-16 所示。

（5）设置前景色为♯99cccc，选择文字工具，设置黑体，字号 60，输入文字"济"；设置黑体，字号 30，输入文字"南信息工程学校"；设置黑体，字号 18，输入文字"网址：http://www.jnxxgc.com 电话：0531-86924854 86072044"。文字效果如图 4-17 所示，图层如图 4-18 所示。

（6）设置前景色为♯a40f1d，选择文字工具，设置黑体，字号 50，输入文字"济南信息工程学校"；设置前景色为♯003366，选择文字工具，设置黑体，字号 28，输入文字"技能改变命运 梦想从这里起飞"；设置字体 Arial，字号 18，输入文字"Jinan Information Engineering School"，调整字符面板中的水平缩放参数为 120％，效果如图 4-19 所示。

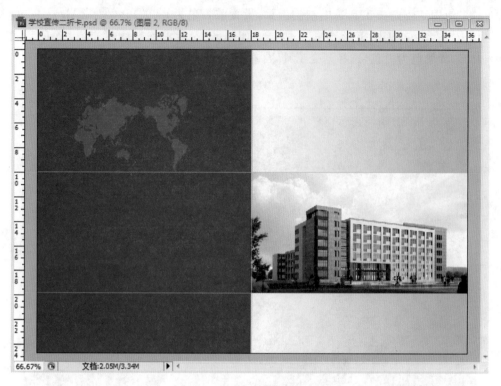

图 4-16　添加实训大楼与地图

图 4-17　文字效果

图 4-18　相应文字图层

图 4-19　添加二折卡标题文字

（7）设置前景色为♯003366，选中直线工具，直线工具的参数如图 4-20 所示。在源文件中添加如图 4-21 所示的直线。单击"图层→拼合图像"，完成效果图制作。

图 4-20　直线属性参数

图 4-21   完成效果图

15.1   图层的基础知识

1. 图层概念

使用图层可以在不影响整个图像大部分元素的情况下处理其中一个元素。我们可以把图层想象成是一张张叠加起来的透明胶片，每张透明胶片上都有不同的画面，改变图层的顺序和属性可以改变图像的最后效果。通过对图层的操作，使用其特殊功能可以创建复杂的图像效果。

2. 图层面板

图层面板显示了图像中所有图层、图层组和图层效果，我们可以使用图层面板的各种功能来完成一些图像编辑任务，如创建、隐藏、复制和删除图层等；还可以使用图层模式改变图层上图像的效果，如添加阴影、外发光、浮雕等。另外，我们对图层的光线、色相、透明度等参数进行修改，制作不同的效果。图层面板如图 4-22 所示，右击可以看到其功能，包括新建图层、复制图层、删除图层、从图层新建组、图层属性、混合选项、合并可见图层等功能。

3. 图层类型

（1）背景图层

每次新建一个 Photoshop 文件时，图层面板会自动建立一个背景图层（使用白色背景或彩色背景创建新图像时），这个图层是被锁定的，位于图层的最底层。我们是无法改变背景图层的排列顺序，同时也不能修改其不透明度或混合模式。如果按照透明背景方式建立新文件时，图像就没有背景图层，最下面的图层不会受到功能上的限制。如果不愿意使用 Photoshop 强加的受限制背景图层，我们可以将其转换成普通图层让其不再受到限

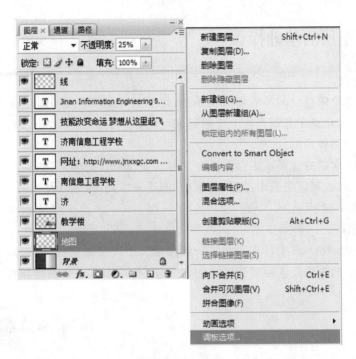

图 4-22 图层面板

制。具体方法是在图层面板中双击背景图层,打开"图层"对话框,然后根据需要设置图层选项,单击"确定"按钮后,图层面板上的背景图层已经转换成普通图层。

(2) 创建普通图层

普通图层是 Photoshop 中最基本的图层类型,对图像的操作基本上都可以在普通图层上进行。普通图层包含图像信息;图像信息之外的部分为透明区域,显示为灰色方格,可以显示下一层的内容。

(3) 图层组

设计制作过程中用到的图层数会很多,导致即使关闭缩览图,图层面板也会拉得很长,查找图层很不方便。为了解决这个问题,Photoshop 提供了图层组功能。

使用图层组可以帮助组织和管理图层,很容易地将图层作为一组移动、对图层组应用属性和蒙版以及减少图层面板中的混乱。创建方法为同时选定需要放置在同一组的图层,单击右下角的"创建新组"按钮,如图 4-23 所示。

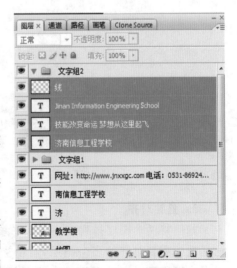

图 4-23 图层组

15.2 图层的基础操作

1. 图层层次

图像中的各个图层之间是有层次关系的,位于图层调板下方的图层层次较低,越往上层次越高,就好像从桌子上渐渐往上堆叠起来的物品一样。位于较高层次的图像内容会遮挡较低层次的图像内容。

改变图层层次的方法是在图层面板中选择层拖动到上方或下方,拖动过程可以一次性跨越多个图层,也可以先选中图层,再单击"图层→排列"命令以及相应的快捷键来改变图层层次,如图 4-24 所示。

2. 图层链接

如果想在 Photoshop 中将多个图层一起移动又不改变相对位置,可以使用图层链接功能。链接图层的方法是选中需要链接的多个图层,单击左下角的链接图层按钮 ,如图 4-25 所示。

图 4-24　图层层次　　　　　　　　　　图 4-25　图层链接

3. 图层对齐

如何将两个图层排列在一条水平线上？这就需要用到图层对齐功能。图层对齐的方法是选中需要对齐的多个图层,右击被选中的图层,从菜单中选择"水平"、"垂直"对齐;或者先把需要对齐的图层进行图层链接,选择移动工具,调出对齐属性设置,如图 4-26 所示。

图 4-26　图层对齐

4. 图层合并

虽然将图像分层制作较为方便,但某些时候可能需要合并一些图层,即把几个图层变为一个。合并图层的方法有多种。

向下合并是指把目前所选择的图层,与在其之下的一层进行合并。进行合并的层都必须处在显示状态。向下合并以后的图层名称和颜色标记沿用原先位于下方的图层。

合并可见图层是把目前所有处在显示状态的图层合并,在隐藏状态的图层则不做变动。

拼合图层是将所有的层合并为背景层,如果有图层隐藏拼合时会出现警告框,如图 4-27 所示。如果单击"确定"按钮,处在隐藏状态的图层都将被丢弃。

5. 图层锁定

为了防止误操作,Photoshop 提供了 4 种图层锁定方式,如图 4-28 所示,自左至右依次为锁定透明像素、锁定图像像素、锁定位置、锁定全部。锁定透明像素是保持图层中像素的面积不变,打开后绘图工具无法在该层的透明区域内绘画。即使经过透明区域,也不会留下笔迹。锁定图像像素是指无法修改层中的像素,即禁止对图层图像的绘制或者修改。

图 4-27　图层合并　　　　　　　　　　　图 4-28　图层锁定

6. 图层透明度

图层除了可以改变位置和层次之外,还可以设定各自的不透明度,这也是很多视觉特效的实现方法之一。当不透明度为 100% 的时候,代表本层图像完全不透明,图像看上去非常饱和、实在。当不透明度下降的时候,图像也随之变淡。如果把不透明度设为 0%,相当于隐藏了这个图层。图层的不透明度虽然只对本层有效,但会影响到本层与其他图层的显示效果。

任务 16　房产广告制作

利用所提供的素材,如白云、楼房、大树、草坪、路标、小路、远景树、太阳花等 PNG 文件(如图 4-29 所示),完成如图 4-30 所示的房产广告的效果制作。

• 通过分析效果文件,确定素材图层的层次关系;

图 4-29　房产广告素材

图 4-30　房产广告效果图

- 使用变形功能,完成素材的大小与位置调整;
- 利用文字工具添加文字图层。

制作流程

（1）新建一个宽度为 1024 像素、高度为 768 像素、背景为白色的文件。

（2）设置前景色为♯002d68,背景色为白色,单击渐变工具,自上而下添加由蓝色到白色的线性渐变,如图 4-31 所示。

（3）打开素材"云.png",拖拉到文件中,使用组合键 Ctrl＋T,调整白云的大小和位置。同样的方法,设置"大楼.png"、"远景树.png"、"草坪.png"、"小路.png"、"大树.png"、"太阳花.png"、"路标.png"。图层的层次关系,如图 4-32 所示。

图 4-31 添加渐变   图 4-32 素材图层的层次关系

（4）选择横排文字工具，设置字体为黑体，字号为 50，输入文字"超越梦想"；设置字体为 Arail，字号为 25，输入文字"Byound your dream"，设置水平缩放为 140％；设置前景色为 ♯f61807，字体为"华文中宋"，字号为 25，输入文字"太阳地产"。文字效果如图 4-30 所示。

任务 17 《建国大业》电影海报制作

任务要求

利用所提供的素材（如图 4-33 所示），完成如图 4-34 所示的《建国大业》电影海报效果图的制作。

图 4-33 《建国大业》电影海报素材

任务分析

- 利用图层蒙版，实现图像的融合；
- 调整图层的混合模式，使图像融入背景中；
- 添加文字图层，设置图层样式描边，实现文字的突出显示。

图 4-34　《建国大业》电影海报效果图

制 作 流 程

（1）新建一个宽度为 800 像素、高度为 1000 像素、背景为白色的文件。

（2）设置前景色为 #984621，背景色为白色，双击背景图层，设置图层样式，单击"渐变叠加"，设置样式为径向，如图 4-35 所示，效果如图 4-36 所示。

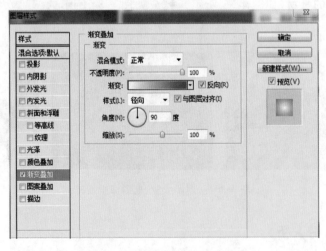

图 4-35　图层样式参数设置

（3）打开"毛泽东.png"，拖拉到背景中，使用组合键 Ctrl+T，调整图像大小与位置，如图 4-37 所示。

图 4-36　图层样式设置

图 4-37　调整图像大小位置

（4）使用组合键 Ctrl＋B，设置参数如图 4-38 所示。

（5）使用组合键 Ctrl＋U，设置饱和度为－30；使用组合键 Ctrl＋B，设置参数如图 4-39
所示。

图 4-38　设置色彩平衡

图 4-39　再次设置色彩平衡

（6）选定"毛泽东"图层，单击图层面板下面的添加图层矢量蒙版工具 ，设置前景
色为黑色，背景色为白色。单击渐变工具，从中间向上拖动，让人物渐变到背景中，如

图 4-40 所示。

（7）打开"天安门.jpg"，拖拉到背景中，用同样的方法设置色彩平衡，并使用图层蒙版使天安门图像融合到背景中，如图 4-41 所示。

图 4-40　设置图层蒙版　　　　　　　　　　　图 4-41　图层融合

（8）设置天安门图层与背景图层"叠加"，如图 4-42 所示。

图 4-42　叠加图层

（9）打开"幕布.jpg"，拖动到背景中，使用组合键 Ctrl＋T，调整图像到合适大小，单击"编辑→变换→变形"命令，调整幕布形状如图 4-43 所示。

（10）选择"横排文字"工具，设置字体为"隶书"，字号为 120，颜色为♯e10606，输入文字"建国大业"。

（11）双击"建国大业"文字图层，设置图层样式，单击"描边"，设置描边颜色为白色，完整图层如图 4-44 所示，效果如图 4-33 所示。

图 4-43　添加幕布

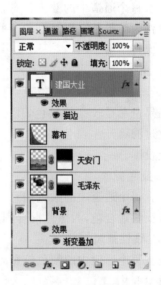

图 4-44　设置描边

17.1　图层的混合模式

Photoshop 中图层混合模式如图 4-45 所示。常见的图层混合模式含义如下。

1. 正常

编辑或绘制每个像素使其成为结果色（默认模式）。

2. 溶解

编辑或绘制每个像素使其成为结果色。根据像素位置的不透明度，结果色由基色或混合色的像素随机替换。

3. 变暗

查看每个通道中的颜色信息，选择基色或混合色中较暗的作为结果色，其中比混合色亮的像素被替换。

4. 正片叠底

查看每个通道中的颜色信息并将基色与混合色复合，结果色是较暗的颜色。任何颜色与黑色混合产生黑色，与白色混合保持不变。用黑色或白色以外的颜色绘画时，绘画工具绘制的连续描边产生逐渐变暗的颜色。

5. 颜色加深

查看每个通道中的颜色信息,通过增加对比度使基色变暗以反映混合色,与黑色混合后不产生变化。

6. 线性加深

查看每个通道中的颜色信息通过减小亮度使基色变暗以反映混合色。

7. 变亮

查看每个通道中的颜色信息,选择基色或混合色中较亮的颜色作为结果色。比混合色暗的像素被替换,比混合色亮的像素保持不变。

8. 滤色

查看每个通道的颜色信息,将混合色的互补色与基色混合。结果色总是较亮的颜色,用黑色过滤时颜色保持不变,用白色过滤将产生白色。此效果类似多个摄影幻灯片在彼此之上投影。

9. 颜色减淡

查看每个通道中的颜色信息,并通过减小对比度使基色变亮以反映混合色,与黑色混合则不发生变化。

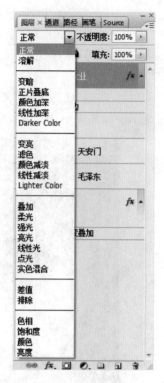

图 4-45　图层混合模式

10. 线性减淡

查看每个通道中的颜色信息,并通过增加亮度使基色变亮以反映混合色,与黑色混合则不发生变化。

11. 叠加

复合或过滤颜色具体取决于基色。图案或颜色在现有像素上叠加,同时保留基色的明暗对比不替换基色,但基色与混合色相混以反映原色的亮度或暗度。

12. 柔光

使颜色变亮或变暗具体取决于混合色,此效果与发散的聚光灯照在图像上相似。如果混合色(光源)比 50％ 灰色亮,则图像变亮就像被减淡了一样;如果混合色(光源)比 50％ 灰色暗,则图像变暗就像加深了。用纯黑色或纯白色绘画,会产生明显较暗或较亮的区域,但不会产生纯黑色或纯白色。

13. 强光

复合或过滤颜色具体取决于混合色,效果与耀眼的聚光灯照在图像上相似。如果混合色(光源)比 50％ 灰色亮,则图像变亮就像过滤后的效果;如果混合色(光源)比 50％ 灰色暗,则图像变暗就像复合后的效果。用纯黑色或纯白色绘画会产生纯黑色或纯白色。

14. 亮光

通过增加或减小对比度来加深或减淡颜色,具体取决于混合色。如果混合色(光源)比 50％ 灰色亮,则通过减小对比度,使图像变亮;如果混合色比 50％ 灰色暗,则通过增加对比度,使图像变暗。

15. 线性光

通过减小或增加亮度来加深或减淡颜色,具体取决于混合色。如果混合色(光源)比
50% 灰色亮,则通过增加亮度,使图像变亮;如果混合色比 50% 灰色暗,则通过减小亮
度,使图像变暗。

16. 点光

替换颜色具体取决于混合色。如果混合色(光源)比 50% 灰色亮,则替换比混合色
暗的像素,而不改变比混合色亮的像素;如果混合色比 50% 灰色暗,则替换比混合色亮
的像素,而不改变比混合色暗的像素。这对向图像添加特殊效果是非常有用。

17. 差值

查看每个通道中的颜色信息并从基色中减去混合色,或从混合色中减去基色,具体取
决于哪一个颜色的亮度值更大。与白色混合,将反转基色值;与黑色混合,则不产生
变化。

18. 排除

创建一种与"差值"模式相似但对比度更低的效果。与白色混合,将反转基色值;与
黑色混合,则不发生变化。

19. 色相

用基色的亮度和饱和度以及混合色的色相创建结果色。

20. 饱和度

用基色的亮度和色相以及混合色的饱和度创建结果色。在无饱和度(灰色)的区域上
用此模式绘画不会产生变化。

21. 颜色

用基色的亮度以及混合色的色相和饱和度创建结果色,这样可以保留图像中的灰阶,
并且对给单色图像上色和给彩色图像着色都会非常有用。

22. 亮度

用基色的色相和饱和度以及混合色的亮度创建结果色。此模式可以创建与"颜色"模
式相反的效果。

17.2 图层样式

利用 Photoshop 图层样式功能,可以简单快捷地制作出各种立体投影、各种质感以及
光景效果的图像特效,如图 4-46 所示。常用的图层样式功能如下。

1. 投影

为图层上的对象、文本或形状后面添加阴影效果。投影参数由"混合模式"、"不透明
度"、"角度"、"距离"、"扩展"和"大小"等选项组成,通过对这些选项的设置可以得到需要
的效果。

2. 内阴影

在对象、文本或形状的内边缘添加阴影,让图层产生一种凹陷外观,内阴影效果对文

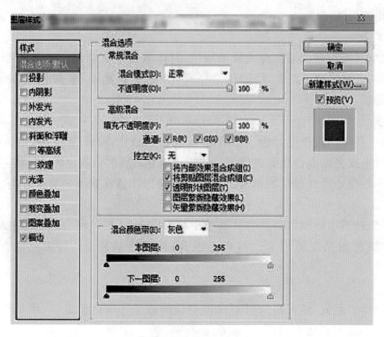

图 4-46　图层样式

本对象效果更佳。

3．外发光

从图层对象、文本或形状的边缘向外添加发光效果。设施参数可以让对象、文本或形状更精美。

4．内发光

从图层对象、文本或形状的边缘向内添加发光效果。

5．斜面和浮雕

"样式"下拉菜单将为图层添加高亮显示和阴影的各种组合效果。"斜面和浮雕"对话框中样式参数解释如下。

① 外斜面：沿对象、文本或形状的外边缘创建三维斜面。

② 内斜面：沿对象、文本或形状的内边缘创建三维斜面。

③ 浮雕效果：创建外斜面和内斜面的组合效果。

④ 枕状浮雕：创建内斜面的反相效果，其中对象、文本或形状看起来下沉。

⑤ 描边浮雕：只适用于描边对象，即在应用描边浮雕效果时才打开描边效果。

6．光泽

对图层对象内部应用阴影，与对象的形状互相作用，通常创建规则波浪形状，产生光滑的磨光及金属效果。

7．颜色叠加

在图层对象上叠加一种颜色，即用一层纯色填充到应用样式的对象上。"设置叠加颜色"选项可以通过"选取叠加颜色"对话框，选择任意颜色。

8．渐变叠加

在图层对象上叠加一种渐变颜色，即用一层渐变颜色填充到应用样式的对象上。通过"渐变编辑器"还可以选择使用其他的渐变颜色。

9．图案叠加

在图层对象上叠加图案，即用一致的重复图案填充对象。从"图案拾色器"还可以选择其他的图案。

10．描边

使用颜色、渐变颜色或图案描绘当前图层上的对象、文本或形状的轮廓，对边缘清晰的形状（如文本），这种效果尤其有用。

17.3　图层蒙版

蒙版可以理解为在当前图层上覆盖一层玻璃片，这种"玻璃片"有透明的、半透明的、完全不透明的，可以用各种绘图工具在蒙版上（即"玻璃片"上）涂色（只能涂黑、白、灰色），涂黑色的地方，蒙版变为透明的，看不见当前图层的图像；涂白色则使涂色部分变为不透明，可以看到当前图层上的图像；涂灰色使蒙版变为半透明，透明的程度由涂色的灰度深浅决定。图层蒙版是 Photoshop 中一项十分重要的功能。

1．蒙版特点

蒙版是一种特殊的选区，但其目的并不是对选区进行操作，而是要保护选区不被操作。同时，不处于蒙版范围的地方则可以进行编辑与处理。

蒙版虽然是一种选区，但跟常规的选区颇为不同。常规的选区表现一种操作趋向，即将对所选区域进行处理；而蒙版却相反，是对所选区域进行保护，让其免于操作，而对非掩盖的地方应用操作。

2．蒙版分类

Photoshop 中蒙版分两类：图层蒙版和矢量蒙版。

（1）图层蒙版

图层蒙版创建方法是直接在图层面板下方单击"图层蒙版"按钮，即可新建图层蒙版，如图 4-47 所示。单击"图层蒙版缩览图"将其激活，然后选择任一编辑或绘画工具可以在蒙版上进行编辑。将蒙版涂成白色，可以从蒙版中减去并显示图层；将蒙版涂成灰色，可以看到部分图层；将蒙版涂成黑色，可以向蒙版中添加并隐藏图层。

（2）矢量蒙版

矢量蒙版与分辨率无关，由钢笔或形状工具创建在图层面板中，如图 4-48 所示。矢量蒙版可在图层上创建锐边形状，若需要添加边缘清晰、分明的图像可以使用矢量蒙版。创建矢量蒙版图层之后，还可以应用一个或多个图层样式。创建方法是先选中一个需要添加矢量蒙版的图层，使用形状或钢笔工具绘制工作路径；然后选择"图层"菜单下的"添加矢量蒙版"中"当前路径"命令，就创建一个矢量蒙版 3。也可以选择"图层"菜单下的命令"编辑、删除"矢量蒙版。若想将矢量蒙版转换为图层蒙版，可以选择要转换的矢量蒙版所在图层，单击"图层"菜单下"栅格化"中"矢量蒙版"命令，即可转换。

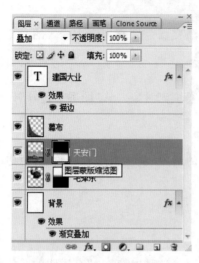

图 4-47　图层蒙版

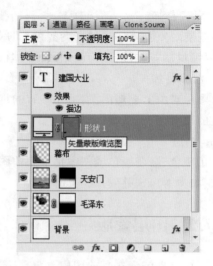

图 4-48　矢量蒙版

思考与实训

一、填空题

1. 在 Photoshop 中常用的图层有（　　）、（　　）、（　　）、（　　）、（　　）、（　　）。

2. （　　）图层是一个不透明的图层，用户不能对其进行图层不透明度、图层混合模式和图层填充颜色的调整。

3. 要删除图层按钮，可以选择图层菜单中（　　）子菜单中的（　　）命令。

4. 要将当前层设为顶层，可以使用快捷键（　　）。要将当前层向下移一层，可以使用快捷键（　　）。

5. 要使多个图层同时进行移动、变换、对齐与分布，应（　　）。

6. 在"图层"调板中，若某图层名称后有 标记，则表示该图层处于（　　）状态。

7. 将选区内对象复制生成新的图层，可使用菜单命令（　　），要将选区内对象剪切生成新的图层，可使用菜单命令（　　）。

8. 始终位于"图层"调板底部且没有透明像素的图层是（　　），该图层以（　　）命名。

9. 若要将当前层与下一图层合并，可使用菜单命令（　　）；要将所有图层合并为背景层，可使用菜单命令（　　）。

10. 将上下两个图层位置重叠的像素颜色进行复合，得到的结果色将比原来的颜色都暗的颜色模式是（　　）；将上下两层位置重叠的像素的颜色进行复合或过滤，同时保留底层原色亮度的颜色模式是（　　）。

二、上机实训

1. 利用如图 4-49 所示的素材图，完成如图 4-50 所示的矢量蒙版效果图。

 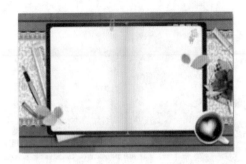

图 4-49 矢量蒙版素材

图 4-50 矢量蒙版效果图

提示：

（1）将素材复制到背景图中，调整到适当大小。

（2）选择工具箱中的"自定义形状"，在选项栏中单击"路径"按钮，选择一种合适的形状绘制。

（3）单击"图层→矢量蒙版→当前路径"命令，完成制作。

2. 利用如图 4-51 所示校园二折卡素材，完成如图 4-52 所示的校园二折卡效果图。

方框　　　　　　　　蝴蝶　　　　　　　　人　　　　　　　　实训大楼

图 4-51 校园二折卡素材

图 4-52　校园二折卡效果图

第5章

特效文字制作

 任 务 要 求

利用文字工具以及"滤镜"功能中扭曲和光照应用,完成如图 5-1 所示的泡泡文字效果。

图 5-1 泡泡特效字

任 务 分 析

- 设置前景以及背景色,使用文字工具输入文字并将文字"栅格化";
- 单击"滤镜→扭曲→球面化"命令,使文字产生球面效果;
- 单击"滤镜→渲染→光照效果"命令,使文字产生立体效果;
- 单击"滤镜→渲染→镜头光晕"命令,使文字产生灯光效果。

制　作　流　程

（1）单击"文件→新建"命令，打开如图 5-2 所示的"新建"对话框，设置后单击"确定"按钮。

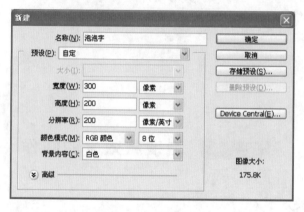

图 5-2　"新建"对话框

（2）设置背景色为绿色，并填充背景色。设置前景色为黄色，单击"文字输入工具"按钮，字体设置为"华文琥珀"，输入"泡"字。

（3）使用椭圆选框工具，按 Shift 键画出一个正圆，然后拖动正圆选区至合适位置，如图 5-3 所示。

（4）右键单击文字所在的图层，单击"栅格化文字"按钮，将文字栅格化，如图 5-4 所示。

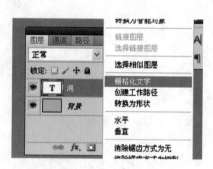

图 5-3　框选后的文字

图 5-4　栅格化文字

（5）单击"滤镜→扭曲→球面化"命令，如图 5-5 所示，使所选范围产生球面的感觉。为了产生较强的球面效果，可把"数量"设为 100。如果效果不够明显，可重复操作一次，如图 5-6 所示。

（6）单击"滤镜→渲染→光照效果"命令，适当调整灯光的种类、个数及灯光的参数，以产生立体效果，如图 5-7 所示。

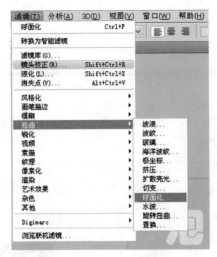

图 5-5 滤镜→扭曲→球面化

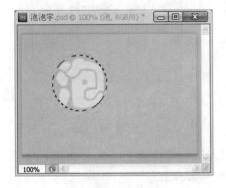

图 5-6 加上球面效果

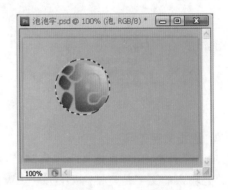

图 5-7 加上光照效果

（7）为了增加立体感我们还要单击"滤镜→渲染→镜头光晕"命令。光晕位置设在亮部，单击"图层→合并图层"命令合并图层，如图 5-8 所示。

（8）将球面复制、粘贴至新图层，将原来图层以黄色填充。另外，我们还可以做一些修饰，如将字图层复制一个并调整大小等。得到的效果，如图 5-9 所示。

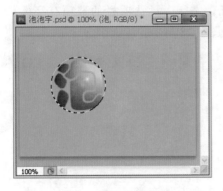

图 5-8 加上光晕效果

图 5-9 加上修饰后的效果

18.1　文字工具

Photoshop 中使用文字工具可以直接在图像上输入与编辑文字。文字工具在标准工具栏中以图标 T 呈现,快捷键是 T。如果双击该工具,会看到文字工具箱中的 4 个选项:横排文字工具、直排文字工具、横向文字蒙版工具、直排文字蒙版工具,如图 5-10 所示。

1. 横排文字工具

单击工具栏中的“横排文字工具”按钮,再单击画布,即可在当前图层的上边创建一个新的文字图层,如图 5-11 所示。同时,画布内鼠标单击处会出现一个竖线光标,表示可以输入横排排列的文本(从左至右及从上至下)。

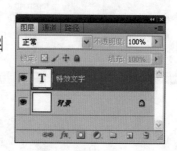

图 5-10　文字工具组　　　　　　图 5-11　使用横排方式输入文字

2. 直排文字工具

单击工具栏内的“直排文字工具”按钮,使用方法与横排文字工具的使用方法基本一样,只是输入的文字是竖排排列的文本(从上至下及从右至左)。

3. 横排文字蒙版工具

单击工具栏内的“横排文字蒙版工具”按钮或“直排文字蒙版工具”按钮,再单击画布,即可在当前图层上加入一个蒙版,输入完毕后,单击“提交”按钮,所输入的文字就变为文字选区,如图 5-12 所示。

图 5-12　使用文字蒙版方式输入文字

4. 直排文字工具选项栏

使用文字工具选项栏,可以设置文字特征。文字工具选项栏的选项有字体、字体大小、字体样式、文字对齐方式和文本颜色等,如图 5-13 所示。

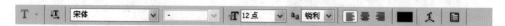

图 5-13　文字工具选项栏

(1)切换文本取向图标

用来切换文字的水平方向与垂直方向。

(2)创建文字变形图标

使用这个功能可以把文本扭曲或者文字的各种其他变形。

（3）切换字符和段落面板图标 □

用来打开"切换字符和段落面板"以及字符和段落面板的切换。

18.2 文字的属性

文字的属性可以根据用途的不同分为两部分：字符属性和段落属性。在编辑文字的过程中或完成后，都可以改变文字属性。

1. 字符属性

单击"窗口→字符"命令，或者在文字工具选项栏单击"切换字符和段落面板"图标 □，打开字符面板，如图 5-14 所示。在字符面板中可以设定文字的字体、大小、颜色、字距以及文字基线的移动等。

2. 段落属性

一个或多个字符后跟一个硬回车就被称为段落。单击"窗口→段落"命令，打开段落面板，如图 5-15 所示。在段落面板里可以设定段落的对齐、段前以及段后等。

图 5-14 字符面板

图 5-15 段落面板

18.3 栅格化文字

Photoshop 输入的文字是矢量文本，这类字可以使操作者有编辑文本的能力。当生成文本后，可以对文本进行调整大小、应用图层样式，还可以变形文本。但是，有些操作却不能实现，如滤镜和色彩调整，这些操作在基于矢量的文本上就不能用。如果要对矢量文本应用这些效果，就必须先栅格化文字，也就是把其转换成像素。

"栅格化文字"是将文字图层转换为普通图层，使其内容不能再进行文本编辑。若要把文本渲染成像素，先要选择该文字图层；再单击"图层→栅格化→文字"命令即可。

 彩块特效字的制作

![任务要求]

利用文字工具以及"滤镜"功能的拼贴滤镜、晶格化滤镜和枕状浮雕样式等应用，完成如图 5-16 所示的彩块文字效果。

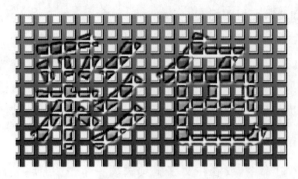

图 5-16　彩块特效字

- 通过拼贴滤镜来分割画布,增强图案中黑色线条的宽度;
- 将画布中的黑色线条载入选区,使用蓝红渐变填充;
- 输入主题文字,新建图层并将文字载入选区;
- 为文字图形赋予晶格化特效,再制作出带有白色边格的彩色文字特效;
- 为文字图形增添枕状浮雕样式。

(1) 单击"文件"→"新建"命令,打开如图 5-17 所示的"新建"对话框,设置后,单击"确定"按钮。

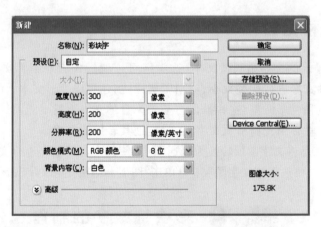

图 5-17　"新建"对话框

(2) 确定前景色为黑色、背景色为白色,单击"滤镜→风格化→拼贴"命令,在弹出的对话框中设置参数,如图 5-18 所示。设置完毕,单击"确定"按钮,制作出连续方格的图案效果,如图 5-19 所示。

图 5-18　拼贴的参数

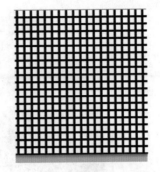

图 5-19　连续方格的图案效果

（3）单击"滤镜→其他→最小值"命令，在弹出的对话框中设置参数，如图 5-20 所示，设置后单击"确定"按钮。

（4）选择工具箱中的魔棒工具，在画布中单击黑色线条以载入选区，效果如图 5-21 所示。

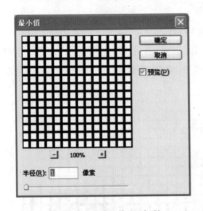

图 5-20　最小值的参数

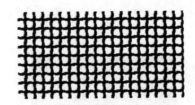

图 5-21　黑色线条以载入选区

（5）单击前景色，进入颜色编辑器，设置颜色如图 5-22 所示。单击背景色，进入颜色编辑器，设置颜色如图 5-23 所示。

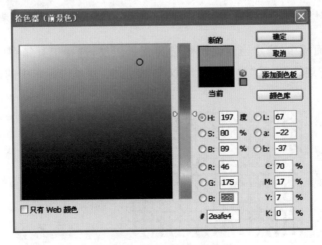

图 5-22　颜色编辑器的参数

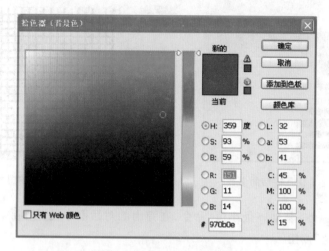

图 5-23　颜色编辑器的参数

　　在图层面板中单击"创建新图层"按钮,新建一个图层,如图 5-24 所示。

　　选择工具箱中的渐变工具,在选项栏中设置"前景色到背景色渐变",设置完毕后自上而下拖出渐变。单击"选择→取消选择"命令,取消当前浮动的选区,效果如图 5-25 所示。

图 5-24　新建一个图层

图 5-25　渐变效果

　　(6) 在图层面板中,确定当前编辑图层为背景图层,选择工具箱中的魔棒工具,在选项栏中取消选中"连续"以及"对所有图层取样"复选框,并单击画布中的白色区域,效果如图 5-26 所示。

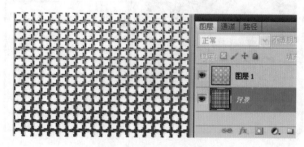

图 5-26　选取白色区域

（7）新建一个"图层 2"，单击"选择→修改→收缩"命令，在弹出的对话框中设置"收缩量"为 1 像素。设置完毕，单击"确定"按钮，如图 5-27 所示。

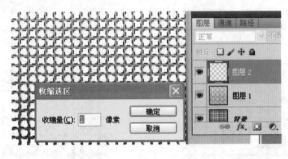

图 5-27　将选区收缩

单击"编辑→填充"命令，在弹出的对话框中，设置"使用"为"前景色"，单击"确定"按钮，效果如图 5-28 所示。

（8）再次单击"选择→修改→收缩"命令，在弹出的对话框中设置"收缩量"为 1 像素，设置完毕单击"确定"按钮，如图 5-29 所示。

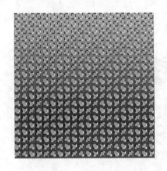

图 5-28　填充前景色

图 5-29　收缩选区

单击"编辑→填充"命令，在弹出的对话框中，设置"使用"为"白色"，单击"确定"按钮，效果如图 5-30 所示。

（9）取消当前浮动的选区，选择工具箱中的移动工具，向左上方移动白色图形，效果如图 5-31 所示。

图 5-30　使用白色填充

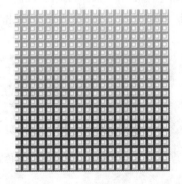

图 5-31　移动白色块

　　（10）选择工具箱中的横排文字工具，在字符面板中设置字体与文字大小。设置完毕，在画布上输入文字"彩色"，效果如图5-32所示。

　　（11）新建一个图层，按Ctrl键，单击文字"彩色"图层，效果如图5-33所示，将文字载入选区。

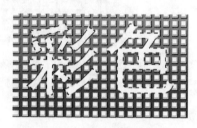

图5-32　输入"彩色"文字　　　　　　　　　　　图5-33　载入文字选区

　　（12）选择工具箱中的渐变工具，在选项栏中设置参数。使用渐变工具自上而下绘制渐变，效果如图5-34所示。

　　（13）单击"滤镜→像素化→晶格化"命令，在弹出的对话框中设置参数，效果如图5-35所示。

图5-34　渐变工具　　　　　　　　　　　　　　图5-35　晶格化滤镜

　　（14）在图层面板中，按Ctrl键单击"图层1"按钮，如图5-36所示，将画布的边缝线条载入选区，按Del键，执行删除选区内图形的命令。

　　取消选区，制作出带有白色边格的彩色文字特效。

　　（15）在图层面板中单击"添加图层样式"按钮，选择"斜面和浮雕"命令，在弹出的对话框中设置参数，设置完毕单击"确定"按钮，效果如图5-37所示。

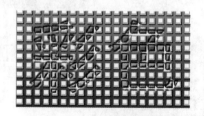

图5-36　带有白色边格的彩色文字特效　　　　　图5-37　彩色特效字效果

 **任务 20 金属特效字的制作**

图 5-38 金属特效字

任务要求

利用文字工具以及"滤镜"功能的云彩、高斯模糊、浮雕效果和铬黄等应用,完成如图 5-38 所示金属质地的文字效果。

任务分析

- 新建空白画布与通道,输入文字并填充白色;
- 为文字图形赋予高斯模糊特效;
- 新建图层载入通道中的文字选区,填充白色并为文字赋予光照特效;
- 复制文字图层,为文字图形赋予浮雕特殊效果,然后调整文字的颜色和色彩对比;
- 输入黑色的文字图形,调整到图层的最底端;
- 为图像的背景赋予云彩特效以及铬黄特效。

制作流程

(1) 单击"文件→新建"命令,在弹出的对话框中设置参数如图 5-39 所示。设置参数完毕,单击"确定"按钮。

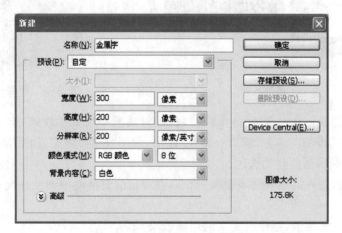

图 5-39 "新建"对话框

在通道面板中,单击"新建通道"按钮,新建一个"Alpha 1"通道,如图 5-40 所示。

（2）选择文字工具箱中的横排文字蒙版工具，设置字体为"华文琥珀"，单击画布输入文字。输入完毕后，效果如图5-41所示。

单击"编辑→填充"命令，在弹出的对话框中设置参数如图5-42所示。设置完毕，取消当前浮动选区。

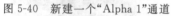

图5-40　新建一个"Alpha 1"通道　　　图5-41　蒙版文字　　　图5-42　填充为白色

（3）单击"滤镜→模糊→高斯模糊"命令，在弹出的对话框中设置参数如图5-43所示。设置完毕，单击"确定"按钮。文字出现模糊效果。

（4）在图层面板中，新建一个"图层1"，如图5-44所示。

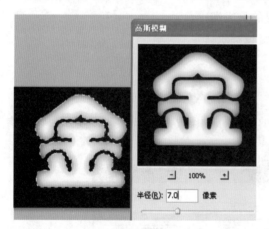

图5-43　高斯模糊　　　　　　　　图5-44　新建一个"图层1"

（5）单击"选择→载入选区"命令，在弹出的对话框中设置参数如图5-45所示。设置完毕，单击"确定"按钮。单击"编辑→填充"命令，使用"白色"填充，如图5-46所示。

填充完毕，取消当前浮动选区。

（6）单击"滤镜→渲染→光照效果"命令，在弹出的对话框中调整好光线与纹理通道，如图5-47所示。

效果如图5-48所示，制作出文字的浮雕效果。

（7）对文字所在"图层1"使用组合键Ctrl+J，得到"图层1副本"，如图5-49所示。

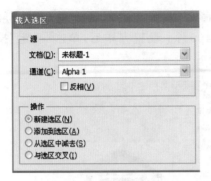

图 5-45　载入选区

图 5-46　填充白色

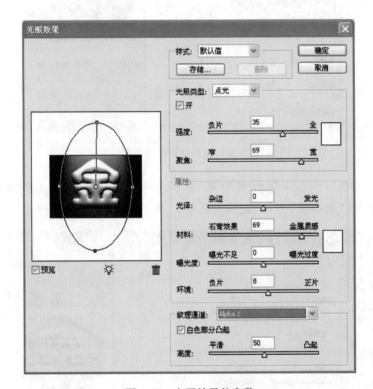

图 5-47　光照效果的参数

图 5-48　浮雕字效果

图 5-49　得到图层 1 副本

（8）单击"滤镜→风格化→浮雕效果"命令，在弹出的对话框中，设置"角度"为135°，设置"高度"为15像素，设置"数量"为100％。设置完毕后，单击"确定"按钮，效果如图5-50所示。

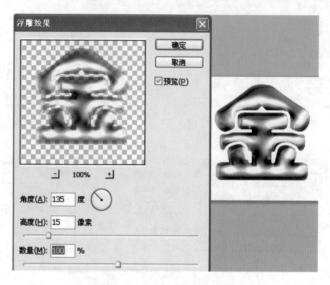

图5-50　设置浮雕效果参数

（9）单击"图像→调整→色相/饱和度"命令，在弹出的对话框中选中"着色"复选框，设置"色相"为55，"饱和度"为40，效果如图5-51所示，制作出金属字的初步效果。

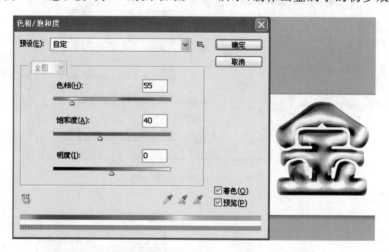

图5-51　金属字的初步效果

（10）单击"图像→调整→亮度/对比度"命令，设置参数如图5-52所示，效果如图5-53所示。

（11）选择工具箱中的横排文字工具，设置字体颜色为黑色，输入"金"字，如图5-54所示。

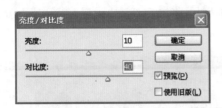

图 5-52 调整亮度/对比度

图 5-53 调整亮度/对比度
后效果

图 5-54 添加黑色
文字

（12）在图层面板中，将文字图层拖到"图层 1"下面，效果如图 5-55 所示，

（13）在图层面板中，确定当前编辑图层为背景图层，单击"滤镜→渲染→云彩"命令，
效果如图 5-56 所示。

图 5-55 将黑色文字拖至底部

图 5-56 添加背景云彩

（14）单击"滤镜→素描→铬黄"命令，在弹出的对话框中设置参数如图 5-57 所示。
设置完毕后，单击"确定"按钮，效果如图 5-58 所示。

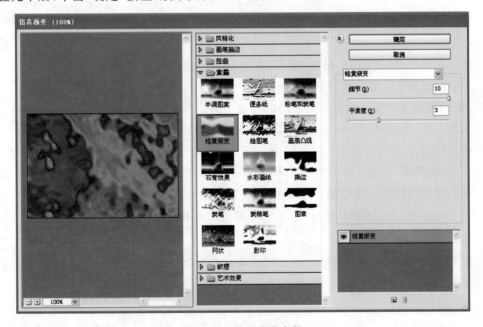

图 5-57 设置铬黄参数

（15）为了增强金色文字的颜色对比，在图层面板上，将文字所在"图层1副本"再复制一遍，效果如图5-59所示。

图5-58　调整后效果

图5-59　增强金色文字的颜色对比

（16）选定背景图层，单击"图像→调整→色相/饱和度"命令，选择"着色"，设置"色相"为124、"饱和度"为38、"明度"为0。金属字效果如图5-60所示。

图5-60　金属字效果

文字的滤镜应用

通过风格化、画笔描边、模糊、扭曲、素描、纹理、像素化、渲染、艺术效果等滤镜功能，可以将图像制作出神奇的艺术效果，使普通的文字变成具有明显质感的特效文字。

如图5-61所示，在Photoshop CS5中打开"滤镜"菜单包含的滤镜组合。下面介绍一下常用滤镜。

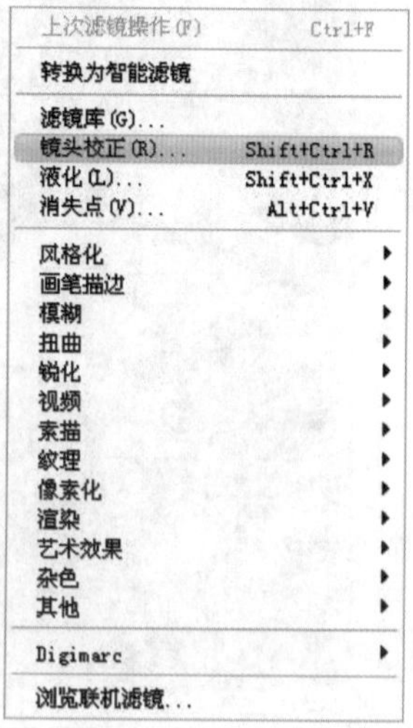

1. 模糊滤镜

模糊滤镜的作用主要是减小图像相邻像素间的对比度，将颜色变化较大的区域平均化，以达到柔化图像和模糊图像的目的。

使用"模糊"滤镜组中的滤镜，通过平衡图像中已定义的线条和遮蔽区域边缘附近的像素，使图像变化变得柔和。

（1）表面模糊

该功能可以使图像表面产生模糊的效果。

图5-61　滤镜组合

（2）动感模糊

该功能可以使图像产生动态模糊的效果，类似以固定的曝光时间给移动的物体拍照。

（3）高斯模糊

该功能可以添加低频细节，产生一种朦胧的模糊效果。在该滤镜对话框中设置可调整的量，以快速模糊图像或指定的选区。

（4）进一步模糊

该功能可以使图像产生的模糊效果比"模糊"滤镜强 3～4 倍。

2.　扭曲滤镜

使用"扭曲"滤镜组中的滤镜可使图像产生几何扭曲，创建三维或其他变形效果。

（1）波浪

该滤镜的工作方式与"波纹"滤镜类似，但该滤镜对话框提供了更多选项，可进一步控制图像的变形效果。

（2）波纹

该滤镜可使图像产生如水池表面的波纹效果。

（3）玻璃

该滤镜使图像产生的效果像是透过不同类型的玻璃观看的效果。

（4）海洋波纹

该滤镜将随机分隔的波纹添加到图像表面，使图像产生如同映射在波动水面上的效果。

（5）极坐标

根据在滤镜对话框中设置的选项，将选区从平面坐标转换成极坐标，或将选区从极坐标转换到平面坐标，来创建圆柱变体，即把矩形形状的图像变换为圆筒形状，或把圆筒形状的图像变换为矩形形状。

3.　"风格化"滤镜

"风格化"滤镜组中的滤镜可通过置换像素和增加图像的对比度，使图像产生绘画或印象派绘画的效果。

（1）查找边缘

该滤镜使用显著的转换标识图像的区域，并突出图像的边缘。

（2）等高线

该滤镜可获得与等高线图中的线条相类似的效果。

（3）风

该滤镜可模拟风的效果，在图像中创建细小的水平线条。

（4）浮雕效果

该滤镜可将选区的填充色转换为灰色，并用原填充色描绘图像的边缘，使选区显得凸起或凹陷。

（5）扩散

在该滤镜对话框中选择一种扩散模式，滤镜将根据选中的模式选项搅乱图像选区中的像素，以使选区像素显得不那么聚集，变得扩散。

4.“艺术效果”滤镜

使用“艺术效果”滤镜可模仿自然或传统介质效果。

（1）干画笔

该滤镜可将图像的颜色范围降到普通颜色范围来简化图像,好像使用干画笔技术绘制的图像边缘一样,使图像颜色显得干枯。

（2）海报边缘

在滤镜对话框中设置选项,以减少图像中的颜色数量,并查找图像的边缘,在图像边缘上绘制黑色线条,使图像中大而宽的区域显现简单的阴影,而使细小的深色细节遍布整个图像。

（3）海绵

该滤镜将使用图像中颜色对比强烈、纹理较重的区域重新创建图像,使图像产生如同用海绵绘制而成的效果。

（4）绘画涂抹

该滤镜对话框中提供了“简单”、“未处理光照”、“暗光”、“宽锐化”、“宽模糊”和“火花”等多种画笔类型。用户可选择不同的画笔类型并设置滤镜选项,使图像产生不同的绘画效果。

（5）胶片颗粒

该滤镜可给原图像增加一些均匀的颗粒状斑点,还可以控制图像的明暗度。

（6）木刻

该滤镜可使高对比度的图像看起来呈剪影状,而使彩色图像看上去像是由几层彩纸叠组而成。

5.“渲染”滤镜

“渲染”滤镜使图像产生三维映射云彩图像、折射图像和模拟光线反射,还可以用灰度文件创建纹理进行填充。

（1）3D变换滤镜

该滤镜将图像映射为立方体、球体和圆柱体,并且可以对其中的图像进行三维旋转。此滤镜不能应用于CMYK和Lab模式的图像。

（2）分层云彩滤镜

该滤镜使用随机生成的介于前景色与背景色之间的值来生成云彩图案,类似负片的效果。此滤镜不能应用于Lab模式的图像。

（3）光照效果滤镜

该滤镜使图像呈现光照的效果。此滤镜不能应用于灰度、CMYK和Lab模式的图像。

（4）镜头光晕滤镜

该滤镜模拟亮光照射到相机镜头所产生的光晕效果,通过单击图像缩览图来改变光晕中心的位置。此滤镜不能应用于灰度、CMYK和Lab模式的图像。

（5）云彩滤镜

该滤镜使用介于前景色和背景色之间的随机值生成柔和的云彩效果。如果同时按

Alt 键使用"云彩"滤镜,将会生成色彩相对分明的云彩效果。

 **3D 特效文字的制作**

任务要求

利用 Photoshop CS5 的 3D 功能、文字工具以及滤镜功能中的"云彩"应用,完成如图 5-62 所示的 3D 文字效果。

图 5-62　3D 文字效果

任务分析

* 输入文字,使用"3D"中的凸纹将文字变形为立体文字;
* 为立体文字设置"3D 前膨胀材质"以及"3D 凸出材质";
* 对狮子图像进行抠图处理并放在 3D 文字上面;
* 在 3D 文字上加上"云彩"效果;
* 对 3D 文字合并图层,并调整其"色相/饱和度",直至合适的颜色。

制作流程

(1)单击菜单"文件→新建"命令,打开如图 5-63 所示的"新建"对话框,设置后单击"确定"按钮。

(2)选择文字工具箱中的"横排文字工具",输入"et"两个字母,字体设置如图 5-64 所示。

图 5-63   "新建"对话框

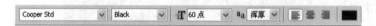

图 5-64   字体设置参数

输入完毕后,效果如图 5-65 所示。

(3) 当前图层为文字图层,单击"3D→凸纹→文本图层"命令,如图 5-66 所示,在弹出的对话框中单击"是"按钮,将文字栅格化,如图 5-67 所示。

图 5-65   输入文字后效果

图 5-66   3D→凸纹→文本图层

(4) 在随后弹出的"凸纹"对话框中,设置凸纹形状预设为第一个"凸出",凸出的"深度"为 5,"缩放"为 0.6,前部"材质"为大理石,如图 5-68 所示。

(5) 适当调整 3D 文字的三维角度,效果如图 5-69 所示。

(6) 单击"窗口→3D"选项,打开"3D"选项卡。选择"凸出材质",单击"漫射"右边的按钮,出现快捷菜单,选择"载入纹理",如图 5-70 所示。在弹出的对话框中选择"墙壁.jpg",如

图 5-67 栅格化文字

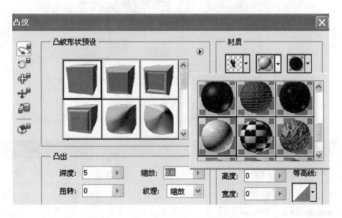

图 5-68 "凸纹"对话框参数设置

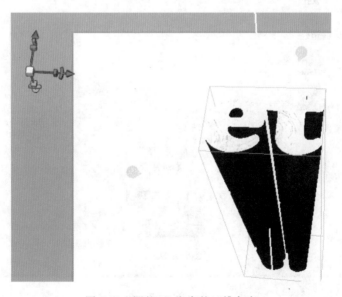

图 5-69 调整 3D 文字的三维角度

图 5-71 所示。单击"打开"按钮后，3D 字体的凸出侧面体现出墙壁效果，如图 5-72 所示。

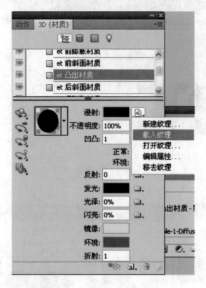

图 5-70　选择载入纹理

图 5-71　选择"墙壁.jpg"图片

（7）打开"云彩.bmp"图片，将云彩图片复制到文件中，并放置到 3D 文字图层的下面，如图 5-73 所示。

图 5-72　侧面体现出墙壁效果　　　　　　图 5-73　云彩作为背景层

（8）打开"狮子.jpg"图片，使用"快速选择工具"将狮子图像抠选出来，如图 5-74 所示。

（9）复制狮子图片到文件中，使用组合键 Ctrl＋T 调整其大小，然后移动狮子图片放置在 3D 文字上面，如图 5-75 所示。

图 5-74　狮子抠选出来　　　　　　　　图 5-75　复制狮子图片到文件中

（10）在图层面板上面新建两个图层，分别为"图层3"和"图层4"，使用组合键Shift+D，将前景色和背景色设置为默认的黑、白色，分别对新建的两个图层使用"云彩"滤镜（新建两个图层是为了增强云彩效果），如图5-76所示。

（11）将这两个新建图层合并，图层混合模式改为"滤色"，如图5-77所示。在按Alt键的同时，单击"添加图层蒙版"按钮，对该图层添加黑色图层蒙版，如图5-78所示。

图 5-76　新建的两个图层使用"云彩"滤镜

图 5-77　图层混合模式改为"滤色"

（12）在图层蒙版上操作，选择画笔工具，前景色为白色，根据情况适当地调整画笔的不透明度、大小、硬度，并在需要有云彩的地方涂抹，如图5-79所示。在3D文字前部画出云彩效果。

图 5-78　添加黑色图层蒙版

图 5-79　在需要有云彩的地方涂抹

（13）在3D文字图层上新建一个"图层5"，选择"图层5"和3D文字图层，将两个图层合并，如图5-80所示。

（14）单击"图像→调整→色相/饱和度"命令，在弹出的对话框中选择"着色"，调整其"色相"为189，"饱和度"为40，最终效果如图5-81所示。

图 5-80　合并图层

图 5-81　3D 文字最终效果图

Photoshop CS5 3D 新增功能

在 Photoshop CS5 中，对模型设置灯光、材质、渲染等方面都得到了功能增强。结合这些功能，在 Photoshop 中可以绘制透视精确的三维效果图，也可以辅助三维软件创建模型的材质贴图。这些功能大大拓展了 Photoshop 的应用范围。

（1）在 Photoshop CS5 中，单击应用程序栏中的 >> 按钮，在展开的菜单中选择"CS5 新增功能"选项，如图 5-82 所示。

（2）单击"3D"菜单，可以看到 3D 新增功能显示为蓝色，如图 5-83 所示。

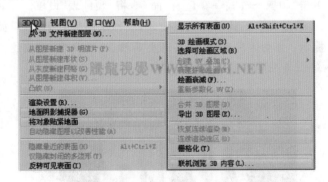

图 5-82　CS5 新增功能

图 5-83　新增功能显示为蓝色

思考与实训

一、填空题

1. Photoshop 中的文字工具包含（　　）、（　　）、（　　）、（　　）。其中，在创建文

字的同时创建一个新图层的是(　　)。

2．Photoshop 中文字的属性可以分为(　　)、(　　)两部分。

3．当你要对文字图层执行滤镜效果时,首先应当做(　　)。

4．上次使用过的滤镜将被放在"滤镜"菜单的顶部,单击它或使用快捷键(　　)。

5．在 Photoshop 中,如果输入的文字需要分出段落,可以使用键盘上的(　　)键进行操作。

6．Photoshop 文字变形除了变换功能之外,还可以使用文字变形功能,主要有(　　)、(　　)、(　　)等。

7．在 Photoshop 中,使用(　　)文字变形方式,可以使如图 5-84 所示的文字,变形为如图 5-85 所示的文字效果。

图 5-84　变形前的文字　　　　　　　　图 5-85　变形后的文字

8．在 Photoshop 中,(　　)滤镜可以使图像中过于清晰或对比度过于强烈的区域产生模糊效果,也可用于制作柔和阴影。

9．使用"云彩"滤镜时,按(　　)键,可使边缘更硬、更明显。

10．渲染/光照效果只对(　　)图像起作用。

二、上机实训

1．通过文字工具以及滤镜效果,制作火焰特效字,效果如图 5-86 所示。

提示：使用"滤镜→风格化→风"3 次,"扭曲→波纹"(100％,小),"模糊→高斯模糊"(半径为 1.0),旋转画布顺时针 90°,然后改为索引颜色,合并图层。

单击"图像→模式→颜色表"命令,将"颜色表"设置为黑色。

2．通过文字工具以及滤镜效果,制作水晶特效字,效果如图 5-87 所示。

提示：主要运用选区、图层混叠属性、通道处理、模糊滤镜、光照滤镜、曲线调整、layer style 等工具来制作。

图 5-86　火焰特效字　　　　　　　　图 5-87　水晶特效字

第6章

Ⅵ图形绘制

 任 务 要 求

利用"矩形工具"、"钢笔组工具"、"直接选择工具",绘制完成如图 6-1 所示的学校文化伞标志。

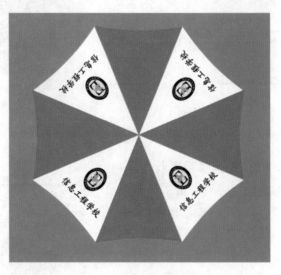

图 6-1 学校文化伞效果图

任 务 分 析

- 利用"矩形工具"绘制一个正方形;
- 利用"钢笔组工具"和"直接选择工具"修改并调整路径;
- 利用"变换"命令或快捷键,对图形进行复制、旋转。

制 作 流 程

（1）新建一个宽度为22cm、高度为20cm、分辨率为150像素/英寸、颜色模式为RGB颜色、背景为白色的文件。

（2）使用组合键Ctrl＋R，打开标尺，在图像窗口中拖动出两条参考线。单击"前景色"按钮，在出现的"拾色器"对话框中，设置RGB的颜色分别为0、146、63。

（3）单击工具箱中的"矩形工具"，同时在其选项栏中，单击"形状图层"按钮。在图像窗口中，在单击鼠标左键的同时，使用组合键Alt＋Shift，在图像窗口中绘制一个正方形，如图6-2所示。

（4）使用组合键Ctrl＋T，对此路径进行自由变换。在其选项栏中，设置旋转的角度为67.5°，然后移动此形状到如图6-3所示的位置。

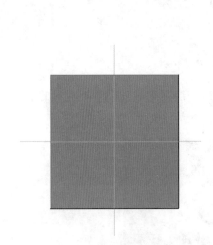

图6-2　形状工具画出的正方形

图6-3　旋转移动后的效果图

（5）单击工具箱中的"直接选择工具"，将路径中的锚点全部选中；然后，单击工具箱中的"删除锚点工具"，将右边的锚点删除，效果如图6-4所示。

（6）再次单击"直接选择工具"，拖动右上方锚点，将此锚点沿着斜线回收，直到上面的线条变成水平为止，效果如图6-5所示。

（7）单击工具箱中的"添加锚点工具"，在水平线的中间添加一个锚点；然后，单击"直接选择工具"将其锚点向下移动，使之变成曲线，效果如图6-6所示。

（8）选中"形状1"图层，并右击，在出现的下

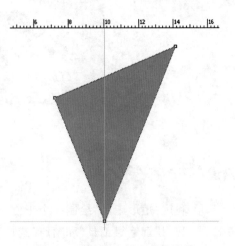

图6-4　删除右边锚点后的效果

拉菜单中单击"栅格化图层"按钮,将"形状 1"图层栅格化。复制"形状 1",得到"形状 1 副本"。将复制出的图形垂直翻转后,放置到如图 6-7 所示的位置。

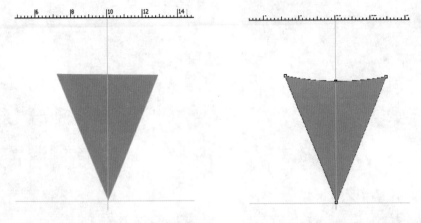

图 6-5 调整锚点后的效果　　　　　图 6-6 添加锚点并调整后的效果

(9) 设置前景色为灰色(R:160,G:160,B:160),然后给"背景"图层填充上灰色。

(10) 选中"形状 1 副本",在其图层上右击,在出现的下拉菜单中单击"向下合并"命令,将"形状 1 副本"和"形状 1"合并为"图层 1"。

(11) 复制"图层 1"得到"图层 1 副本",在按 Ctrl 键的同时单击"图层 1 副本"的缩览图,将图形载入选区,如图 6-8 所示。使用组合键 Ctrl+T 进行自由变换,在选项栏中设置旋转的角度为 45°,按 Enter 键确认操作,如图 6-9 所示,并为旋转后的图形填充白色。

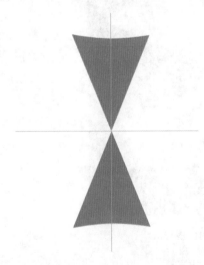

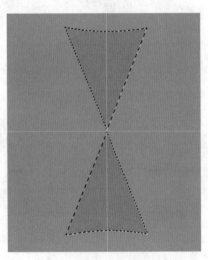

图 6-7 复制出的图形及放置的位置　　　　图 6-8 载入的选区

(12) 使用组合键 Alt+Shift+Ctrl,然后再按 T 键,旋转、复制出下一个图形,并填充前面的绿色,如图 6-10 所示。

(13) 再旋转、复制图形,得到如图 6-11 所示的效果,然后使用组合键 Ctrl+D 将选区取消。

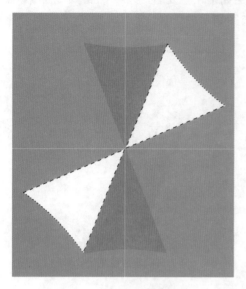
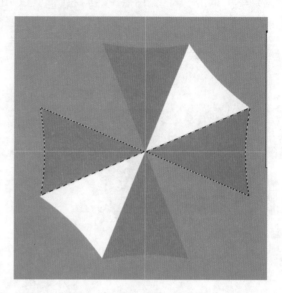

图 6-9　旋转后的图形状态　　　　　　　　　图 6-10　再次旋转后的图形

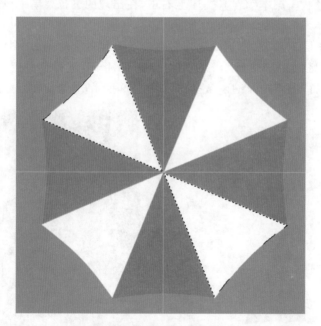

图 6-11　分别复制出的图形

（14）将素材中的"学校标志.psd"放置到伞上面，通过复制标志图像并旋转角度，在文化伞的白色图形上面分别放置上一个标志，最终结果如图 6-1 所示。

（15）使用组合键 Ctrl＋S，将文件命名为"学校文化伞.psd"，单击"保存"按钮，保存文件。

22.1　VI 的基本概念

VI(Visual Identity)即视觉识别系统,是 CIS 系统中最具传播力和感染力的部分。CIS 由 3 部分组成,即理念识别(MI)、行为识别(BI)和视觉识别(VI)。VI 是将 CIS 的非可视内容转化为静态的视觉识别符号,以丰富的、多样的应用形式,在最为广泛的层面上,进行最直接的传播。设计到位、实施科学的视觉识别系统,是传播企业经营理念、提高企业知名度、塑造企业形象的快速、便捷之途。

在品牌营销时代,没有 VI 对一个现代企业来说,就意味着其形象被淹没于商海之中,让人辨别不清;就意味着它是一个缺少灵魂的赚钱机器;就意味着其产品与服务毫无个性,消费者对其毫无眷恋;就意味着团队的涣散和低落的士气。

VI 一般包括基础部分和应用部分。其中,基础部分一般包括企业的名称、标志、标识、标准字体、标准色、辅助图形、标准印刷字体、禁用规则等;应用部分一般包括标牌、旗帜、办公用品、公关用品、环境设计、办公服装、专用车辆等。

22.2　VI 对企业的影响

一个优秀的 VI 设计对一个企业的影响在于以下方面。

(1) VI 在明显与其他企业区分开来的同时又确立该企业明显的行业特征或其他重要特征,确保该企业在经济活动当中的独立性和不可替代性;明确该企业的市场定位,属于企业无形资产的一个重要组成部分。

(2) VI 传达企业的经营理念和企业文化,以形象的视觉形式宣传企业。

(3) VI 以特有的视觉符号系统,吸引公众的注意力并产生记忆,使消费者对企业所提供的产品或服务产生最高的品牌忠诚度。

(4) VI 可以提高企业员工对企业的认同感,振奋企业士气。

22.3　VI 设计的基本原则

VI 设计不是机械的符号操作,而是以 MI 为内涵的生动表述。因此,VI 设计应多角度、全方位地反映企业的经营理念。

VI 设计的基本原则包括风格的统一性原则;强化视觉冲击的原则;强调人性化的原则;增强民族个性与尊重民族风俗的原则;可实施性原则。VI 设计不是设计人员的异想天开,而是要求具有较强的可实施性。如果在实施上过于麻烦,或因成本昂贵而影响实施,再优秀的 VI 设计也会因难以落实而成为空中楼阁;符合审美规律的原则;严格管理的原则。VI 系统千头万绪,在长期的实施过程中,要坚决杜绝各实施部门或人员的随意性,严格按照 VI 手册的规定执行,保证不走样。

22.4　VI 设计的流程

VI 的设计程序可大致分为以下 6 个阶段。

（1）准备阶段。成立 VI 设计小组，理解消化 MI，确定贯穿 VI 的基本形式，搜集相关资讯，以便多方面比较。VI 设计小组由各方面专业人士组成。一般来说，组长应由企业的高层主要负责人担任。因为该人士比一般的管理人士和设计人员对企业自身情况的了解更为透彻，宏观把握能力更强。其他成员主要是各专门行业的人士，以美工人员为主体，以行销人员、市场调研人员为辅。如果条件许可，还可邀请美学、心理学等学科的专业人士参与部分设计工作。

（2）设计开发阶段。VI 设计阶段分基本要素设计和应用要素设计。VI 设计小组成立后，先要充分地理解、消化企业的经营理念，把 MI 的精神吃透，并寻找与 VI 的结合点。在各项准备工作就绪之后，VI 设计小组即可进入具体的设计阶段。

（3）反馈修正阶段。

（4）调研与修正反馈阶段。

（5）修正并定型阶段。在 VI 设计基本定型后，还要进行较大范围的调研，以便通过一定数量、不同层次的调研对象的信息反馈来检验 VI 设计的相关细节。

（6）编制 VI 手册阶段。

任务 23　绘制苹果手机标志

利用"钢笔组工具"、"路径编辑工具"，绘制完成如图 6-12 所示的苹果手机标志效果。

- 利用"钢笔工具"绘制路径；
- 利用"直接选择工具"和"转换点工具"调整路径，达到最佳的绘制效果；
- 借助工具箱中的"渐变工具"为绘制好的路径填充渐变；
- 为标志添加描边和外发光的图层样式。

图 6-12　苹果标志

（1）新建一个名为"苹果标志"的 RGB 模式图像文件，设置"宽度"、"高度"为

400×400 像素,"分辨率"为 72 像素/英寸,"背景内容"为白色。

(2) 新建"图层 1",单击工具箱中的"钢笔工具" ✐,然后单击其选项栏中的"路径"按钮 ⬚,在图像编辑窗口中单击鼠标左键,创建第 1 锚点、第 2 锚点、第 3 锚点,如图 6-13 所示。用同样的方法依次创建其他的锚点。最后,将鼠标指针置于起始点上,当鼠标指针下方出现一个小圆圈时,单击鼠标左键,绘制一条闭合路径,效果如图 6-14 所示。

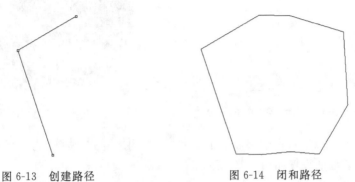

图 6-13 创建路径   图 6-14 闭和路径

(3) 单击工具箱中的"直接选择工具" ▷,单击"路径"按钮 ⬚将其激活;然后,选择"转换点工具" ⌐,用鼠标向左侧拖曳第 1 锚点,得到如图 6-15 所示的控制柄。使用"直接选择工具",可调整控制手柄的位置、曲线的曲率及锚点的位置。

(4) 使用同样的方法调整其他锚点及其控制手柄的位置,效果如图 6-16 所示。

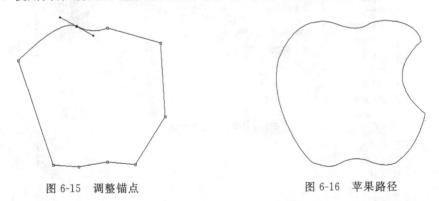

图 6-15 调整锚点   图 6-16 苹果路径

(5) 用与步骤(2)、步骤(3)类似的方法绘制出苹果标志的叶子路径,得到完整的苹果路径,效果如图 6-17 所示。

(6) 将前景色设置为深蓝色(R:0,G:4,B:85),背景色设置为浅蓝色(R:0,G:94,B:190)。单击工具箱中的"渐变工具"按钮,在其工具选项栏中,单击"点按可编辑渐变"按钮,在弹出的"渐变编辑器"对话框中,在"预设"中选择"前景色到背景色渐变",单击"确定"按钮。

(7) 打开"路径"面板,单击面板下方的"将路径作为选区载入"按钮 ⬭,将路径转化为选区;然后,选择"渐变工具",在其选项栏中,选择"线性渐变",从上至下为选区填充渐变,效果如图 6-18 所示。

图 6-17　完整苹果路径　　　　　　　图 6-18　填充渐变色后的效果

（8）单击"图层 1",选择图层面板下方的"添加图层样式"按钮,为图形添加"描边"图层样式。其对话框的设置如图 6-19 所示。

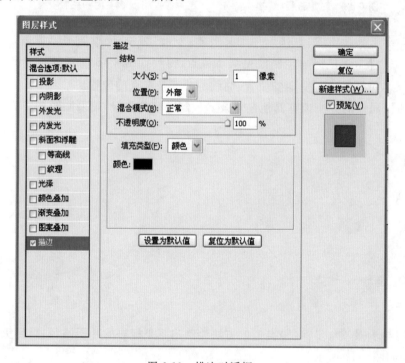

图 6-19　描边对话框

（9）继续为"图层 1"添加外发光效果。其外发光效果的设置如图 6-20 所示。最终得到如图 6-12 所示的效果。

（10）单击"图层"面板菜单中的"拼合图像"按钮,完成制作。

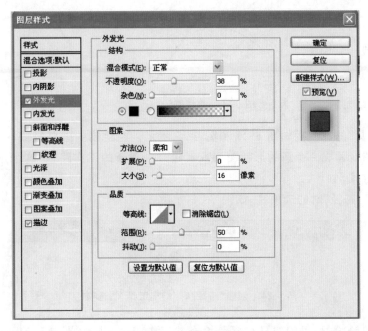

图 6-20　外发光对话框

路径的创建和编辑

路径工具主要包括绘制路径的工具和编辑调整路径的工具。绘制路径的工具主要有"钢笔工具"、"自由钢笔工具"。编辑路径的工具主要有"添加锚点工具"、"删除锚点工具"、"转换点工具"、"路径选择工具"和"直接选择工具"。

1. 创建路径的工具

1）钢笔工具

钢笔工具画出来的矢量图形称为路径，路径最大的特点就是容易编辑。路径是矢量的路径，允许是不封闭的开放状。如果把起点与终点重合绘制就可以得到封闭的路径。通过单击或拖动"钢笔工具"，可来创建直线和平滑流畅的曲线。组合使用钢笔工具和形状工具，可以创建复杂的形状。

"钢笔工具"的使用方法如下。

（1）单击"钢笔工具"，将鼠标移动到图像窗口中，连续单击鼠标左键，可以创建由线段构成的路径，如图 6-21 所示。

（2）曲线路径的绘制是在起点单击鼠标左键之后不要松手，向上或向下拖动出一条方向线后松手；然后，在第二个锚点拖动出一条向上或向下的方向线，如图 6-22 所示。

（3）如果想绘制封闭路径，把"钢笔工具"移动到起始点。当看到钢笔工具旁边出现一个小圆圈时，单击鼠标左键，路径就封闭了，如图 6-23 所示。

（4）如果在未闭合路径前按 Ctrl 键，同时单击线段之外的任意位置，将创建不闭合的路径。借助 Shift 键，可以创建 45°角整数倍的路径。

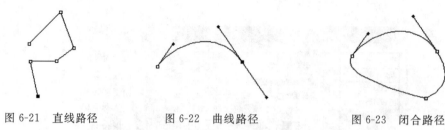

图 6-21　直线路径　　　　　图 6-22　曲线路径　　　　　图 6-23　闭合路径

"钢笔工具"的选项栏如图 6-24 和图 6-25 所示。在绘制一条路径或一个形状前,应在选项栏中指定建立一个新的形状图层或者建立一条新的工作路径,这个选择将影响编辑该形状的方式。

(1)创建"路径"时的选项栏,如图 6-24 所示。

图 6-24　创建"路径"时"钢笔工具"的选项栏

"路径"按钮 ,可以创建没有颜色填充的工作路径,并且"图层"调板中不会创建新的图层。

"几何选项"按钮 ,可以弹出"钢笔选项"面板。选择其中的"橡皮带"选项,在移动鼠标创建路径时,图像中会显示鼠标移动的轨迹。

"自动添加/删除"选项,可以直接利用"钢笔工具"在创建的路径上单击鼠标添加或删除锚点。

(2)创建"形状图层"时的选项栏,如图 6-25 所示。

图 6-25　创建"形状图层"时"钢笔工具"的选项栏

"形状图层"按钮 ,可以创建具有颜色填充的形状。此时,"图层"面板中会自动生成新的形状图层,在此形状图层中包含形状的颜色以及形状轮廓的矢量蒙版。形状轮廓是路径,会以"形状矢量蒙版"形式出现在"路径"面板中,如图 6-26 和图 6-27 所示。

图 6-26　"图层"面板　　　　　　　　图 6-27　"路径"面板

"图层样式"选项,单击此按钮,可以打开"图层样式选项"对话框。

"颜色"选项,可以利用打开的"拾色器"为创建的图像填充颜色。

2)自由钢笔工具

使用"自由钢笔工具"绘制路径时,系统会根据鼠标的轨迹自动生成锚点和路径。"自由钢笔工具"的选项栏,如图 6-28 所示。"磁性的"是"自由钢笔工具"选项,可以根据图像中的边缘像素建立路径;可以定义对齐方式的范围和灵敏度,以及所绘路径的复杂程度。"磁性钢笔工具"和"磁性套索工具"有相同的操作原理。

图 6-28 "自由钢笔工具"选项栏

2. 编辑路径的工具

在实际操作中,往往很难一下子绘制出完全符合要求的路径形状,这就需要通过调整路径中的线段、锚点和方向线对其进行更加精确的调整,这也是路径编辑不可缺少的部分。

1)添加锚点工具 和删除锚点工具

在"钢笔工具"选项栏中不选择"自动添加/删除"选项时,单击工具箱中的"添加锚点工具"按钮,可以在路径上添加锚点;单击工具箱中的"删除锚点工具"按钮,可以删除路径上不需要的锚点。

2)转换点工具

锚点可以分为角点和平滑点两种,如图 6-29 所示。"转换点工具"可以实现平滑点与角点之间的相互转换。

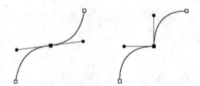

(1)角点转换为平滑点,在角点上单击鼠标左键并拖动鼠标,可以将角点转为平滑点。

图 6-29 路径上的平滑点和角点

(2)平滑点转换为角点,可以直接单击平滑点,将平滑点转换为没有方向线的角点;可以拖动平滑点的方向线,将平滑点转换为具有两条相互独立的方向线的角点;可以在按 Alt 键的同时单击平滑点,将平滑点转换为只有一条方向线的角点。

3)路径选择工具

"路径选择工具"可以用来选择一个或多个路径,对其进行移动操作。当按 Alt 键的同时,使用选择工具拖放一条路径,将会复制这条路径。通过该工具的选项栏,可以把一个路径层上的多条路径对齐或者组合,如图 6-30 所示。

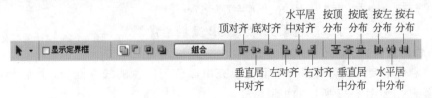

图 6-30 路径选择工具选项栏

4）直接选择工具

"直接选择工具"是用来选取或修改一条路径上的线段,或者选择一个锚点并改变其位置。此工具是绘制完路径之后,用来修正和重新调整路径的基本工具。

"直接选择工具"的使用方法如下。

（1）单击工具箱中的"直接选择工具",再单击图像窗口中的路径,路径中的锚点将全部显示为白色的小方块。单击白色的锚点,可以将其选中,选中的锚点显示为黑色。拖动选择的锚点,可以修改路径的形态。单击并拖动两个锚点间的线段,也可以调整路径的形态。

（2）拖动平滑点两侧的方向点,可以改变其两侧曲线的形态;按 Alt 键的同时拖动鼠标,可以同时调整平滑点两侧的方向点;按 Ctrl 键的同时拖动鼠标,可以改变平滑点一侧的方向;按 Shift 键的同时并拖动鼠标,可以使平滑点一侧的方向线按 45°角的整数倍进行调整。

（3）按 Delete 键,可以删除选中的锚点及其相连的路径。

任务 24　设 计 纸 杯

任 务 要 求

利用"路径"面板的功能,借助"椭圆选区工具"和"矩形工具",设计一个如图 6-31 所示的纸杯。

任 务 分 析

- 利用"矩形工具"画出形状,并且用路径工具调整路径;
- 熟悉"路径"面板中各按钮的作用;
- 利用"变换"命令或快捷键,对图形进行变换;
- 利用选区工具,完成不同选区的制作。

制 作 流 程

（1）新建一个"宽度"为 12cm、"高度"为 17cm、"分辨率"为 150 像素/英寸、"颜色模式"为 RGB 颜色、"背景"为白色的文件。

图 6-31　设计的纸杯

（2）利用渐变工具为背景自上而下填充由黑色到白色的线性渐变;然后利用"矩形工具",绘制出如图 6-32 所示的矩形路径。

（3）按 Ctrl＋T 组合键对路径进行自由变换，在路径上右击，在弹出的快捷菜单中选择"透视"命令；再将鼠标移动到右下角的控制点上单击并向左拖动，对图形进行透视调整。调整完成后，按 Enter 键确认，效果如图 6-33 所示。

图 6-32　绘制的矩形路径

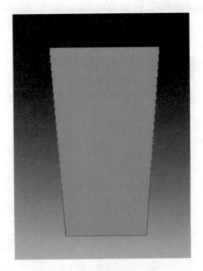

图 6-33　透视后的效果

（4）单击工具箱中的"直接选择工具"按钮，选择路径；然后，单击"转换点工具"按钮，将路径调整至如图 6-34 所示的效果。

（5）打开"路径"面板，单击面板下方的"将路径作为选区载入"按钮，将路径转换为选区。

（6）新建"图层 1"，单击"渐变工具"按钮，在"渐变编辑器"中设置 3 个色标的颜色分别为（R：78，G：162，B：89）；（R：168，G：214，B：166）；（R：162，G：232，B：171），位置分别为 100％、50％、100％。然后，为选区填充线性渐变，效果如图 6-35 所示。

图 6-34　调整后的路径形态

图 6-35　填充线性渐变后的效果

(7) 新建"图层 2"，利用"椭圆选框工具"，绘制如图 6-36 所示的椭圆选区，为其填充白色。

(8) 将"图层 2"复制为"图层 2 副本"，单击"渐变工具"按钮，在"渐变编辑器"中设置 3 个色标的颜色分别为（R：220，G：224，B：220）；（R：255，G：255，B：255）；（R：220，G：224，B：220），位置分别为 100％、65％、100％。按 Ctrl 键的同时，单击"图层 2 副本"的缩览图，将图形载入选区。然后，为选区填充自左向右的线性渐变，效果如图 6-37 所示。

图 6-36   绘制的椭圆选区

图 6-37   为选区填充渐变后的效果

(9) 将填充渐变后的图形稍微向上移动，制作出如图 6-38 所示的杯口效果。

(10) 打开素材"纸杯图案.psd"文件，将其移动复制到新建的文件中，调整大小后放置到如图 6-39 所示的位置。

图 6-38   制作的杯口效果

图 6-39   图像调整后的大小及位置

(11) 加载"图层 1"的选区，使用 Shift＋Ctrl＋I 组合键将选区反选，再按 Delete 键将选区内的图像删除，即可得到如图 6-31 所示的效果。

(12) 至此，纸杯设计完成。按 Ctrl＋S 组合键，将此文件命名为"纸杯.psd"，进行保存。

"路径"面板

当用钢笔工具并使用路径绘图方式绘制路径后,在"图层"面板上并没有看到任何东西和变化,那么路径存储在哪里? 在 Photoshop 中有路径面板可以对路径进行转换、编辑、存储等操作。单击菜单"窗口→路径"命令,即可弹出如图 6-40 所示的"路径"面板。要选择路径,单击"路径"面板中相应的路径名。若要取消选择路径,单击路径面板中的灰色空白区域或按 Esc 键。

路径与选区之间的相互转换在 Photoshop 中是一个相当重要的内容。在选区不精确时,可以先将选区转换为路径,因为对路径的编辑要比编辑选区容易一些;然后再将处理之后的路径转换为选区。

1. 将路径转换为选区

在路径调板中单击"将路径作为选区载入"按钮,可将路径转换为选区。

按 Ctrl 键的同时,单击路径面板中的"路径"按钮,可将路径转换为选区。

单击路径面板右上方的小三角,在弹出的下拉菜单中选择"建立选区"命令,如图 6-41 所示,即可将路径转换为选区。在这里可以通过弹出的"建立选区"对话框,进行参数设置,如图 6-42 所示。

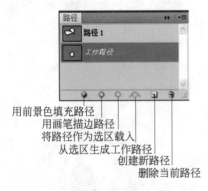

用前景色填充路径
用画笔描边路径
将路径作为选区载入
从选区生成工作路径
创建新路径
删除当前路径

图 6-40　"路径"面板

图 6-41　路径面板下拉菜单

2. 将选区转化为路径

在路径面板中单击"从选区生成工作路径"按钮,可将选区转换为路径。

单击路径面板右上方的小三角,在弹出的下拉菜单中选择"建立工作路径"命令,即可将选区转换为路径。在这里可以通过弹出的对话框,进行"容差"的设置,如图 6-43 所示。

图 6-42　"建立选区"对话框

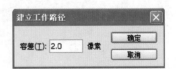

图 6-43　"建立工作路径"对话框

思考与实训

一、填空题

1. 路径是 Photoshop 中一种用于进一步产生其他类型线条的线条,通常由一段或多段没有精度和大小之分的点、直线和(　　)组成,是不包含任何像素的矢量图形。

2. 要在平滑曲线转折点和直线转折点之间进行转换,可以使用(　　)工具。

3. 使用(　　)工具,可以绘制各种形状的路径或形状,如绘制蝴蝶、太阳、王冠等。

4. 选择(　　)按钮,在绘制形状时不但可以建立一个路径,还可以建立一个形状图层。

5. 结束制作路径的方法有两种:一种是(　　);另一种是按(　　)键后,再单击"路径"按钮之外的任意位置。

6. 我们在(　　)中可以将路径转化为选区。

7. 矢量图形工具主要包括(　　)工具、(　　)工具、(　　)工具、(　　)工具、(　　)工具和(　　)工具。

8. 路径是由多个节点组成的(　　),放大或缩小图像对其(　　)影响。

9. 工作路径是一种(　　),不随图像文件保存。在建立一个新的工作路径的同时,原有的工作路径将被(　　)。

二、上机实训

1. 利用路径工具和命令,制作如图 6-44 所示的广告帽。

2. 利用路径工具和命令,制作如图 6-45 所示的摩托罗拉手机标志。

图 6-44　广告帽

图 6-45　摩托罗拉手机标志

第7章

网页图像处理

网页动画导航 Banner 设计与制作

 任 务 要 求

利用"动画"面板的功能,完成如图 7-1 所示的网页动画导航 Banner 的设计与制作。

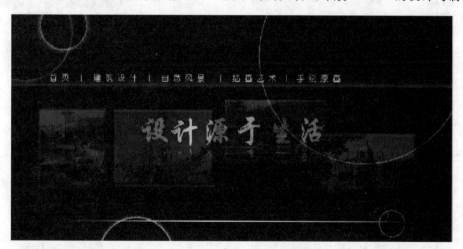

图 7-1 网页动画 Banner 效果图

任 务 分 析

* 通过"图层样式"、"渐变工具",设计制作出美观的网页背景图案;
* 利用文字工具添加文字;
* 利用动画面板(时间轴动画面板),设置关键帧,精确控制图层内容位置、透明度或样式的变化效果。

制 作 流 程

（1）单击"文件→新建"命令，新建一个宽度和高度分别为1000×500像素的黑色背景文档。

（2）单击"图层"面板底部的"创建新图层"按钮 ⬚ ，新建"光环1"图层，使用"椭圆工具"按钮 ⬤ ，使用Shift键绘制粉色正圆形。双击该图层，添加"外发光"图层样式，参照图7-2，设置相关参数，并设置该图层的"填充"值为0%。

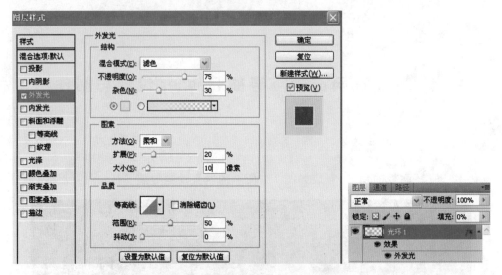

图7-2　绘制"光环"效果参数设置

（3）根据上述操作，使用"椭圆工具"按钮 ⬤ 、"矩形工具"按钮 ▢ 。通过"图层样式"中的"外发光"、"斜面和浮雕"等效果的参数调整，设计并绘制出多个不同颜色的光环及用作添加导航信息的矩形，以美化页面。

（4）使用"直线工具"按钮 ╱ 。在背景图案的底部绘制"粗细"为3px的直线，通过"渐变工具"按钮 ▤ 填充线条颜色，设置参数，如图7-3所示。页面背景效果图如图7-4所示。

图7-3　设置渐变修饰线参数

（5）使用"横排文字工具"按钮 T 。输入文字"首页|建筑设计|自然风景|插画艺术|手绘原画"，合并所有图层为"背景"图层，完成图7-5背景图案的设计与制作。

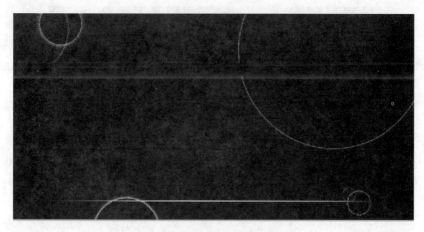

图 7-4 网页背景修饰效果图

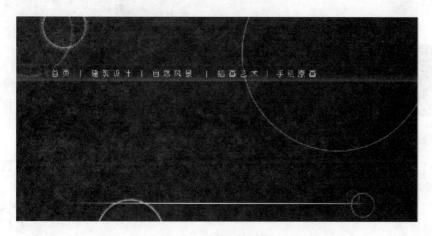

图 7-5 背景图案效果

（6）新建"动画区"图层，使用"圆角矩形工具"。设置"圆角半径"为 25 像素，W 为 900 像素、H 为 245 像素，绘制圆角矩形，设置该图层的"填充"值为 0%。

（7）新建"banner 文字"图层组。新建图层，使用"横排文字工具"按钮 T ，输入文字"设计源于生活"，字体为"华文行楷"、字号"72 点"；选用"渐变工具"按钮 的渐变编辑器中的"透明彩虹渐变"设置文字的色彩。双击该图层，对文字添加"内发光"图层样式，参照图 7-6 设置参数。

（8）制作文字倒影效果。复制"设计源于生活"文字图层，在文字副本图层，使用组合键 Ctrl＋T 对文字进行"垂直翻转"变换，删除文字"内发光"效果，并添加蒙版，使用"渐变工具"按钮 执行黑白渐变。效果如图 7-7 所示。

（9）制作动画 banner。盖印图层（可使用组合键 Ctrl＋Shift＋Alt＋E），命名图层为"Banner"。载入"动画区"图层选区，将选区反选（可使用组合键 Ctrl＋Shift＋I），复制选区图像（可使用组合键 Ctrl＋J），命名"边框"，如图 7-8 所示。

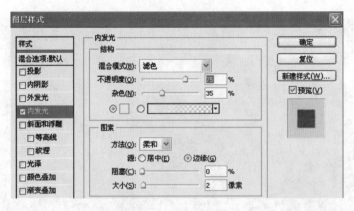

图 7-6　添加文字"内发光"效果

图 7-7　绘制文字倒影效果

图 7-8　设置外边框效果

（10）打开"素材 7-1.jpg"和"素材 7-2.jpg"，将两幅图像放在窗口中央，并将两幅图像图层放置在"边框"图层下方，分别命名图层为"素材 1"、"素材 2"。"素材 2"图层位于"素材 1"图层下方，同时隐藏"素材 2"图层。单击"窗口"菜单中的"动画"按钮，展开"动画（时间轴）"面板。

（11）设置 Banner 动画面板。右移"时间指示器"至 01：00f，单击"素材 1"图层"不透明度"属性的"时间-变化秒表"按钮 ，新建第一个关键帧。设置该图层的不透明度为 0％，如图 7-9 所示。

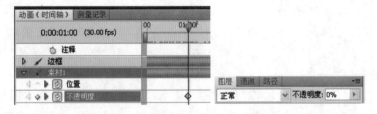

图 7-9　创建动画第一个关键帧

（12）将"时间指示器"按钮 拖至 04：00f 处，单击"添加/删除关键帧"按钮 ，创建第 2 个关键帧，设置"素材 1"图层的不透明度为 100％。将"时间指示器"拖至起点，预览播放效果。

（13）创建"素材 1"图层的位置关键帧。在"动画（时间轴）"面板中，将"时间指示器"

拖至 05：00f 处,单击"素材 1"图层"位置"属性的"时间-变化秒表"按钮 [图] 创建第一帧 ("素材 1"图层中的图像显示于窗口中央),在 06：00f 处创建第二帧(按 Shift 键,向右移动"素材 1"图层中的图像,被"外框"所遮盖),如图 7-10 所示。

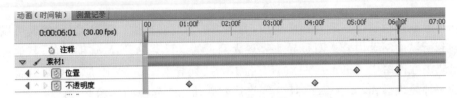

图 7-10　创建"素材 1"图层位置关键帧

(14)创建"素材 2"图层的位置关键帧。隐藏"素材 1"图层,显示"素材 2"图层,单击该图层"位置"属性的"时间-变化秒表"按钮 [图] ,在 05：00f 处创建第一帧,按 Shift 键,将图片向左移动,至被"外框"遮盖。将"时间指示器"拖至 06：00f 处创建第二帧,按 Shift 键,将"素材 2"拖至窗口中央,如图 7-11 所示。

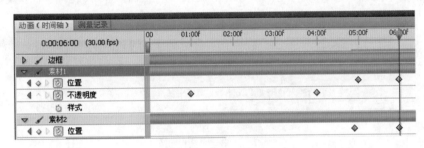

图 7-11　创建"素材 2"位置关键帧

(15)创建"素材 2"图层的不透明度关键帧。单击"素材 2"图层"不透明度"属性的"时间-变化秒表"按钮 [图] ,在 06：00f 处创建第一帧,并设置该图层的不透明度为 100％。将"时间指示器"拖至 07：00f 处创建第二帧,并设置该图层的不透明度为 0％,如图 7-12 所示。

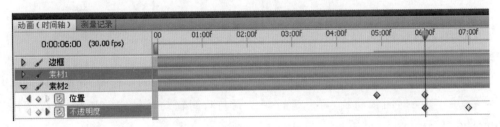

图 7-12　创建"素材 2"不透明度关键帧

(16)预览动画效果。将"时间指示器"拖至"动画(时间轴)"第一帧处,单击"播放"按钮 [图] ,预览播放动画效果。

(17)输出动画。单击"文件→存储为 Web 和设备所用格式"命令,打开"存储为 Web 和设备所用格式"对话框,单击"存储"按钮,在打开的"将优化结果储存为"对话框中,选择保存"格式"为"仅限图像(gif)",单击"保存"按钮。

25.1　网页导航 Banner 概述

网页导航是指通过一定的技术手段,为网页的访问者提供一定的途径,使其可以方便地访问到所需的网页内容。网页导航表现为网页的栏目菜单设置、辅助菜单、其他在线帮助等形式。在网络中,Banner 是横幅广告的简称,而导航 Banner 则是在网站中展示网页内容的一种表现形式,多以 GIF、JPG 等格式建立动态或静态的图像文件。

25.2　动画面板

动画是将多张静态画面通过快速交替的方式形成动态视觉效果的一种艺术手段。利用这种特性,Photoshop 中的动画(帧)面板可以完成所有创建、编辑动画的设置工作,并采用连续播放静止图像的方法产生景物运动效果,包括画面色调、纹理、光影效果等,如图 7-13 所示。

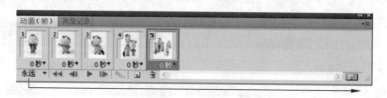

图 7-13　动画(帧)面板

1. 动画(帧)面板

在动画(帧)面板中, 永远 ▼ 循环选项,设置循环计数,如图 7-14 所示。

◄◄ 选择第一帧,可以返回动画面板的第一帧。

◄▐ 选择上一帧,可以返回当前帧的前一帧。

▐► 播放/暂停动画,可以进行动画预览。

▐► 选择下一帧,可以选择当前帧的下一帧。

복 复制所选帧,可以通过复制选中的帧来创建

图 7-14　设置"循环计数"对话框

新帧。

🗑 删除选中的帧,可以删除选中的帧。当"动画"面板仅有一帧时,此按钮不可用。

⟷ 转换为时间轴动画,可以进行帧动画与时间轴动画模式的切换。(仅适用于 Photoshop CS5 Extended 版)

🖧 创建过渡动画,可以设置"过渡"参数,如图 7-15 所示。"过渡"动画对话框中的选项及作用如下。

"过渡方式"有"上一帧"或"下一帧",是指选中某个动画时,用该选项确定过渡动画的范围。

"要添加的帧数"中数值越大,过渡效果越细腻。若选择的帧多于两个,该选项不可用。

"图层"中选择"所有图层",可将"图层"面板中的所用图层应用在过渡动画中;选择"选中的图层",仅改变所选帧中当前选中的图层。

"参数"中"位置"是指在起始帧和结束帧之间均匀地改变图层内容在新帧中的位置;"不透明度"是指在起始帧和结束帧之间均匀地改变图层内容在新帧的不透明度;"效果"是指在起始帧和结束帧之间均匀地改变图层效果的参数设置。

(1)创建逐帧动画

① 创建第一个动画帧。保留一个图层可见,隐藏其他图层。单击"窗口→动画"命令,打开"动画(帧)"面板,设置帧延迟时间,正确显示动画播放时间,如图7-16所示。

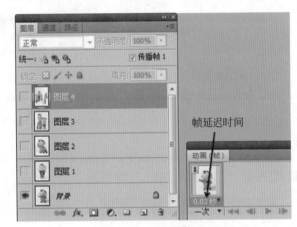

图 7-15 创建"过渡"动画对话框   图 7-16 隐藏图层设置

② 完成动画帧的内容编辑。单击"动画(帧)"面板中的按钮 ，创建第2个动画帧;然后,隐藏"图层"面板中的"图层1",显示"图层2"。按照上述操作,依次编辑完成逐帧动画的创建。单击"动画"面板中的按钮 ，预览动画效果。

素材文件可使用"素材7-3.jpg～素材7-7.jpg"。

(2)创建位置过渡动画

① 在图层面板中选中"游动的鱼"图层,单击"窗口→动画"命令,打开"动画(帧)"面板,确定紫色小鱼的初始位置。如图7-17所示。

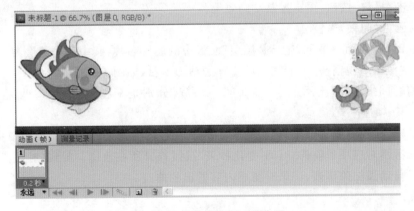

图 7-17 起始帧中"鱼"的位置

② 单击动画面板底部的按钮 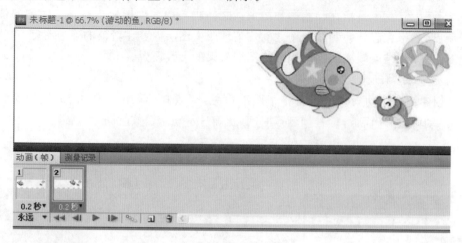，复制第 1 帧为第 2 帧，在"游动的鱼"图层中，第 2 帧处拖动紫色小鱼至目标位置，如图 7-18 所示。

图 7-18　结束帧中"鱼"的位置

③ 在按 Shift 键同时，选中第 1 帧与第 2 帧，单击"动画（帧）"面板底部的动画（帧）"过渡"按钮，设置参数，如图 7-19 所示。

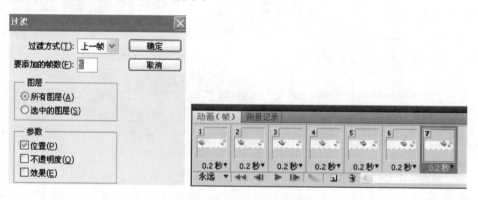

图 7-19　创建位置过渡动画

④ 单击"播放"按钮，预览过渡动画效果。

2. 动画（时间轴）面板

动画（时间轴）面板中可以看到"图层"面板中的图层名称，其中一个图层为一个轨道。单击图层左侧的下拉箭头，展开该图层所有的动画项目，如图 7-20 所示。

"当前时间指示器"指示的"当前时间"从右起分别是毫秒、秒、分钟、小时。后面的"30.00fps"是帧速率。

"关键帧"是控制图层位置、透明度或样式等内容发生变化的控件。当需要添加关键帧时，要先激活对应项目前的"时间-变化秒表"按钮 所在轨道与"当前时间指示器"交叉处，可以自动添加关键帧，记录对图层内容做出的修改。

3. 输出 GIF 动画

完成动画的设计与制作后,单击"文件→存储为 Web 和设备所用格式"命令,如图 7-21 所示。根据设计需要,通过"动画循环选项"选择播放方式,存储为"仅限图像(∗.gif)"类型的文件格式,生成 GIF 动画图像,可以用相关软件查看动画效果。

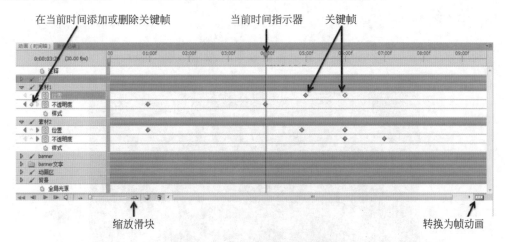

图 7-20 "动画(时间轴)"面板

图 7-21 "存储为 Web 和设备所用格式"对话框

任务 26 利用切片工具设计制作网页模板

任务要求

利用切片工具,设计制作网页首页模板效果图,如图 7-22 所示。

图 7-22   网页模片效果图

任务分析

- 通过切片工具设计制作网页模板;
- 掌握使用图层组管理网页元素;
- 切片工具的创建与编辑;
- 优化输出切片图像。

制作流程

(1) 新建一个宽度和高度分别为 1100×1100 像素的白色背景文档。

(2) 用图层组管理网页元素。新建 4 个图层组,由下到上依次命名为"页眉"、"图片"、"文字"和"页脚",如图 7-23 所示。

图 7-23　建立新的图层组

　　在 Photoshop 中制作网页的元素有很多,像 Banner 条、文本框、文字、版权、Logo、广告等。尽量把这些相对独立的元素放在不同的图层中,方便以后的再编辑,可以建立多个图层组进行管理。

　　(3)创建"背景"图层。用♯043507 到♯ecf9b1 这两种颜色按照线性渐变绘制背景,如图 7-24 所示。

图 7-24　绘制渐变色背景

　　(4)打开"素材 7-3.jpg",将图像放在"背景"图层上方,命名为"墙面"图层。使用组合键 Ctrl+I 将图片反相显示;按组合键 Ctrl+T,将其调整到适当大小,将图层的"透明度"设置为 60％左右,"混合模式"设置为"叠加",如图 7-25 所示。

　　(5)在"页眉"图层组,新建图层。打开"素材 7-4.jpg",右击图层,单击"混合选项"命令,选择"描边"复选框,在外边加 2px 的白色边框,设置为"柔光"模式。这样边界看起来更清晰,如图 7-26 所示。

　　(6)创建网页的导航。新建图层"形状 1",绘制黑色方框,按组合键 Ctrl+T 调整方框大小,保持宽度与高度与 Banner 图片一致。将图层往下移动一层,将该图层"透明度"

图 7-25　网页背景图片

图 7-26　描边图片

设置为 50％，"填充"设置为 60％。这样网页的导航主次分明，如图 7-27 所示。

　　（7）创建文字图层组。菜单栏使用 Arial 24px 字体（用于 HTML 文字链接），设置文字"图层样式"，添加"外发光"效果，如图 7-28 和图 7-29 所示。

图 7-27　绘制网页导航

图 7-28　添加网页导航文字

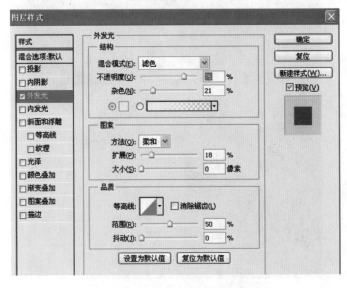

图 7-29　设置网页导航文字图层样式

（8）绘制内容区。打开标尺（可使用组合键 Ctrl＋R），新建参考线，如图 7-30 所示。

图 7-30　新建参考线

（9）使用"矩形工具"绘制一个黑框作为内容区，将该图层"透明度"设置为 60％，"填充"设置为 60％。如图 7-31 所示。

图 7-31　新建形状图层

（10）打开图片图层组。打开"素材 7-5. jpg"、"素材 7-6. jpg"，命名为"图层 2"和"图层 3"，如图 7-32 所示。

图 7-32　添加图片内容

（11）打开文字图层组。新建"内容介绍 1"和"内容介绍 2"文字图层，输入相关的文字内容，使用 Comic Sans MS 字体。给"内容介绍 2"图层中的文字添加由绿色（♯043507）到白色的线性渐变，如图 7-33 所示。

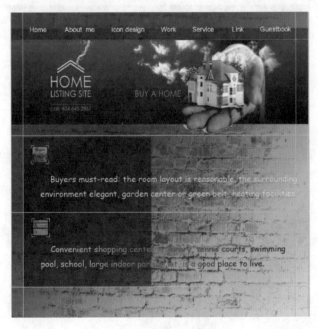

图 7-33　添加文字内容

（12）绘制"页脚"。新建一个图层，打开"素材 7-7.jpg"。这样整个页面效果就出来了，如图 7-34 所示。

图 7-34　Photoshop 制作网页效果图

（13）Photoshop 中制作图形和框架。根据页面布局，选择切片工具（快捷键为 K），把需要的每个图形独立切分出来，尽可能地保持在水平线上的整洁（可以在视图中选择"显示参考线"）。每切分出一个图形，在其左上角会显示出切片编号，如图 7-35 所示。

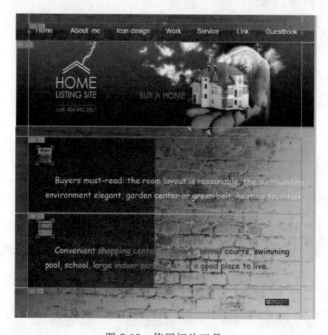

图 7-35　使用切片工具

（14）切分出所有图片后，单击"文件→存储为 Web 所用格式"命令，打开"存储为 web 所用格式"对话框，根据需要设置好图片的格式、调色板等参数后，单击"存储"按钮，选择保存格式为"HTML 和图像"，进行保存，如图 7-36 所示。

图 7-36　保存切片文件

"切片"工具的使用

　　一个美观网页的页面设计取决于客户对站点类型的需求、良好的版面、结构化的布局及具有视觉吸引力的背景。Photoshop 强大的图像处理功能，充分向我们展现出绝佳的图像设计效果，我们可以将 Photoshop 设计处理好的图像以及准备好的文字素材组织在一起，设计出美观的网页模板。

　　许多网页为了追求更好的视觉效果，往往采用一整幅图片来布局网页，这样会降低下载速度。为此，我们可以利用 Photoshop 的切片工具，将一幅较大的图像分割成多块图像切片，以便在网页中创建链接、翻转和动画效果；还可以有选择地优化图像，提高画面质量，减少文件尺寸，加快图片下载速度。使用 Photoshop 切片工具制作网页模板，就是把一整张图切割成若干小图像，以表格的形式加以定位和保存，完成用图像切片定位页面版面。通过划分图像，可以指定不同的 URL 链接以创建页面导航，或使用其自身的优化设置对图像的每个部分进行优化。

1. 创建切片

（1）基于参考线创建切片（自动切片）

　　我们要先向图像文档中添加参考线，选择工具箱"切片"工具 ✐ ；然后，在选项栏中单击"基于参考线的切片"按钮，即可根据文档中的参考线创建切片。此时切片与参考线失去关联，即切片不会因参考线的移动或清除而发生改变，如图 7-37 和图 7-38 所示。

（2）使用"切片"工具创建切片（用户切片）

　　使用"切片"工具创建切片（用户切片）是裁切网页图像最常用的方法。首先，选择工

图 7-37　切片工具选项栏

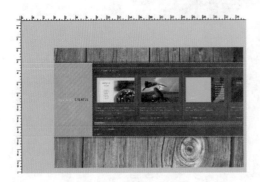

图 7-38　基于参考线创建切片

具箱"切片"工具,设置选项栏中"样式"为"正常"选项,在画布中拖动切片工具确定切片比例;"固定长宽比"选项可以设置高度与宽度的比例,输入整数或小数作为长和宽比例。例如,若要创建一个宽度是高度两倍的切片,输入宽度 2 和高度 1。"固定大小"选项是指定切片的高度和宽度,输入整数像素值。按 Shift 键并拖动可将切片限制为正方形;按 Alt 键拖动"切片"工具,可从中心绘制。

（3）基于图层创建切片

　　根据当前图层中的对象边缘创建切片,即选中某个图层后,单击"图层→新建基于图层的切片"命令创建切片。从图层创建切片时,切片区域包含图层中的所有像素数据,如果移动该图层或编辑其内容,切片区域将自动调整以包含新的像素,如图 7-39 所示。

图 7-39　基于图层创建切片

2. 编辑切片

（1）查看、选择、删除切片

切片本身具有的颜色、线条、编号、标记等属性，使用"切片选择工具" ，可完成切片的选中、编辑工作。按 Shift 键可同时选中多个切片，如图 7-40 所示。选中切片后，按 Delete 键可以完成切片的删除操作。

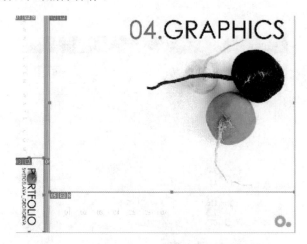

图 7-40　选中多个切片

（2）设置"切片选项"

Photoshop 中每一个切片除了显示属性，还包括 Web 属性，如链接属性、打开网页方式等。使用工具箱中的"切片选择工具" ，选中一个切片，单击工具选项栏中的"当前切片设置选项"按钮 ，打开"切片选项"对话框，如图 7-41 所示。

图 7-41　切片类型"图像"

其中，"切片类型"可以设置切片数据在 Web 浏览器中的显示方式，分为图像、无图像、表；"URL"可以为切片区域指定生成 Web 页中的链接；"目标"可以设置链接的打开方式；"Alt 标记"可以进行图片的属性标记，鼠标移到这个块时显示相应的文本信息。当图片不能正常显示时可告诉浏览者图片的信息;"尺寸"可以设置切片尺寸与切片坐标。"X,Y"是切片左上角的坐标;"W,H"是切片的长度和宽度;"切片背景类型"可以选取一种背景色来填充透明区域,分为无、杂边、白色/黑色、其他等。

在"切片选项"对话框中,"切片类型"为"无图像",其对话框如图7-42所示。"显示单元格中的文本"可以是纯文本或使用标准HTML标记设置格式的文本,只可以在生成的HTML网页文件中查看。

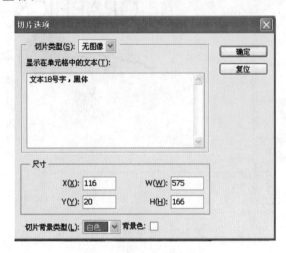

图7-42　切片类型"无图像"

（3）切片的移动、划分与提升操作

移动用户切片时,选择工具箱中"切片选择工具"　,单击并拖动切片,可移动切片位置,如图7-43所示。

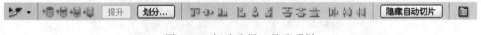

图7-43　切片选择工具选项栏

在"切片选择工具"选项栏中有切片块的层次顺序(置为顶层、前移一层、后移一层、置为底层)、提升(自动切片转换为用户切片)、划分(根据需要水平或垂直划分切片,不适用于基于图层的切片)、隐藏自动切片、当前切片设置等。

3. 优化与输出切片图像

（1）输出切片图像

单击"文件→存储为Web和设备所用格式"命令,打开"存储为Web和设备所用格式"对话框,如图7-44所示。

（2）优化Web图像

通过"存储为Web和设备所用格式"对话框中"预设"下拉列表,选择优化方案及优化的文件格式,如图7-45所示。

GIF格式是图形交换格式,是8位颜色深度即256色的图像文件格式,不能存储真色彩的图像,适合压缩具有单调颜色和清楚细节的图像,如艺术线条、徽标或带文字插图的

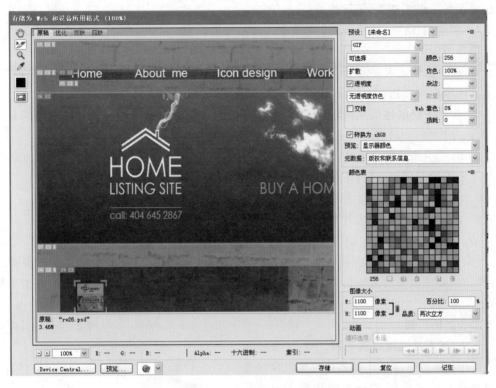

图 7-44　"存储为 Web 和设备所用格式"对话框

图像。由于其容量小,多用于网络传输。但其损耗值越大,丢掉的颜色数据越多。

　　JPEG 格式是图像常用的压缩格式,适用压缩连续色调图像。它通过有选择地扔掉数据,达到减小文件大小的目的。品质值越高,其图像损失越少,生成的文件相对越大。

　　PNG 格式用于互联网上无损压缩和显示图像,支持 24 位图像,产生的透明背景没有锯齿边缘。

图 7-45　优化 Web 图像

　　WBMP 格式多用于优化移动设备图像的标准格式,支持 1 位颜色,即图像仅包含黑白像素。

思考与实训

一、填空题

　　1. 在 Photoshop 中常用的创建切片的三种方式(　　)、(　　)、(　　)。

　　2. 在 Photoshop"动画(帧)"面板中,有(　　)和(　　)两种方式编辑动画。过渡动画是两帧间所产生的(　　)、(　　)、(　　)变化的动画。

　　3. 在 Photoshop 中无图像类型切片,设置显示在单元格中的文本,在文档窗口中是无法显示的。要想查看,需要生成(　　　)文件。

4. 在使用"动画(帧)"面板创建动画之前,先要设置(　　　)时间,这样才能够正确显示动画播放时间。

5. 要想隐藏或者显示所有的切片,可以按(　　　)快捷键;要想隐藏自动切片,可以在工具选项栏中单击(　　)按钮实现。

6. 基于图层创建切片,是根据当前图层中的对象边缘创建切片。其方法是选中某个图层后,单击"(　　)→(　　)"命令,即可创建切片。

7. 网页中的元素有很多,像(　　)、(　　)、(　　)等。要尽量把这些相对独立的元素放在不同的图层中,这样方便以后的再编辑,可建立多个(　　)来进行管理。

8. 优化 Web 图像,包括的文件格式有(　　)、(　　)、(　　)、(　　)等。

9. 切片类型中设置切片数据在 Web 浏览器中的显示方式,分为(　　)、(　　)、(　　)。

10. "关键帧"是控制图层位置、透明度或样式等内容发生变化的控件。当需要添加关键帧时,要先激活对应项目前的(　　)所在轨道与(　　)交叉处,可以自动添加关键帧,记录修改。

二、上机实训

1. 创建不透明度过渡动画。

提示:不透明度过渡动画是两幅图像间显示与隐藏的过渡动画,在动画面板第 1 帧中设置动作"图层"的不透明度。然后,选中第 1 帧,单击"动画帧过渡"按钮,设置"参数",选中"不透明度"选项。素材文件是"素材 7-13. jpg",最终效果如图 7-46 所示。

2. 创建效果过渡动画。

图 7-46　不透明度过渡动画

提示:效果过渡动画是一幅图像的颜色或者效果显示与隐藏的过渡动画,如文字的变形动画效果,见图 7-47。

Photoshop Photoshop

图 7-47　文字变形动画

思考:创建过渡动画时,在设置"过渡"对话框时,选中图层中的"所有图层"及"选中的图层"的动画效果有什么不同?

3. 结合本章讲解的方法,设计制作"家居美图"网页模板。

素材文件是"素材 7-14. jpg~素材 7-23. jpg"。

第8章

综 合 实 训

综合实训 1 房地产宣传页设计

任 务 要 求

本任务主要运用一些素材图片,创意并制作一个米兰翠庭地产宣传页广告。效果如图 8-1 所示。

图 8-1 效果图

任务分析

- 应用选区工具创建选区；
- 结合变换功能调整图像的大小、角度及位置；
- 添加花纹画笔，并且应用画笔工具绘制图像；
- 利用文字工具添加文字；
- 利用蒙版功能，限制图像的显示范围；
- 利用调整命令，调整图像的色彩；
- 应用形状工具绘制形状。

制作流程

（1）新建一个图像文件，"名称"为"房地产设计"，"宽度"为 1000 像素，"高度"为 1000 像素，"分辨率"为 100 像素/英寸，"颜色模式"为 RGB 颜色，"背景"为白色。

（2）新建"图层 1"，在工具箱中设置前景色的 RGB 值为（253，184，19），按组合键 Alt＋Delete，在"图层 1"中填充前景色。

（3）新建"图层 2"，在工具箱中设置前景色的 RGB 值为（181，83，70），选择"矩形选区工具"，绘制出一个矩形选区。按组合键 Alt＋Delete，在选区中填充前景色，效果如图 8-2 所示。按组合键 Ctrl＋D，取消选择。

（4）打开素材图片"楼盘.jpg"，将打开的图片复制到"房地产设计.psd"文件中。图像被复制过来后，图层面板中自动添加"图层 3"，拖动"图层 3"到"图层 2"的下面，效果如图 8-3 所示。

图 8-2　用前景色填充选区

图 8-3　调整楼盘的位置

（5）单击工具箱中的"魔棒工具"按钮，在其选项栏中单击"添加到选区"按钮，设置"容差"为 30，在画面上单击，选择图像中的蓝天。在操作时，也可以配合其他选取工具，如图 8-4 所示。

图 8-4 选中楼盘中的天空

（6）单击"图像→调整→变化"命令，打开"变化"对话框，如图 8-5 所示。用鼠标连续单击"加深黄色"14 次、"加深红色"5 次和"加深洋红"5 次，单击"确定"按钮，按组合键 Ctrl＋D 取消选择。效果如图 8-6 所示。

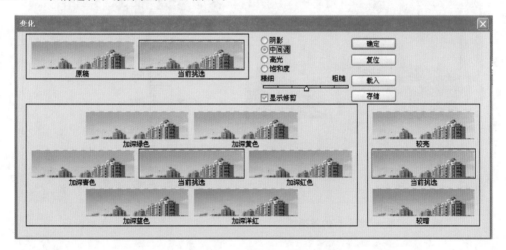

图 8-5 变化对话框

（7）打开素材图片"扇子.psd"，将打开的图像复制到"房地产设计.psd"中，图层面板中自动添加"图层 4"。

（8）选择楼盘所在的"图层 3"，按 Ctrl 键单击图层缩览图，将楼盘图层载入选区，按组合键 Ctrl＋C 复制选中的选区。选择扇子所在的"图层 4"，用同样的方法将其载入选区。选择工具箱中的"椭圆选框工具",在其工具选项栏中,单击"从选区减去"按钮,制作扇面选区,扇面选区效果如图 8-7 所示。然后单击"编辑→选择性粘贴贴入"命令,将复制的楼盘贴入扇面中,效果如图 8-8 所示。此时的图层面板如图 8-9 所示。

图 8-6　调整色彩后的效果

图 8-7　制作的扇面选区

图 8-8　"贴入"命令后的效果图

图 8-9　图层面板

(9) 选择"图层 5",按 Ctrl 键单击图层蒙版缩览图,将扇面载入选区,单击"选择→修改→羽化"命令,将"羽化半径"设为 30。按组合键 Ctrl+Shift+I,将选区反选,按 Delete 键 7 次,删除像素。按组合键 Ctrl+D 取消选择。效果如图 8-10 所示。

(10) 在图层面板中选择"图层 4",单击面板下部的"添加图层样式"按钮,在弹出的下拉菜单中添加"外发光"命令,设置颜色的 RGB 值为(255,255,190),其他参数设置如图 8-11 所示。设置完后,单击"确定"按钮。此时的图像,如图 8-12 所示。

图 8-10　删除像素后的效果

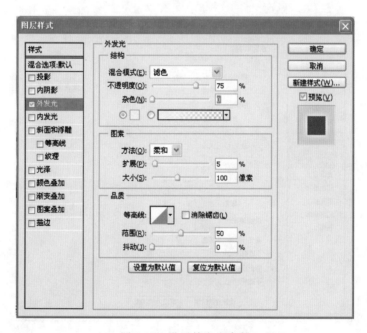

图 8-11　设置外发光参数

　　(11) 打开素材图片"公司标志.jpg",单击工具箱中的"魔棒工具"按钮,将标志选取后复制到"房地产设计.psd"文件中,在图层面板中自动生成"图层 6"。按组合键 Ctrl＋T,调整图像的大小,放置到如图 8-13 所示的位置。按 Enter 键,退出图像变换。给此标志添加"斜面和浮雕"图层样式,其参数设置如图 8-14 所示。设置完后,单击"确定"按钮。

　　(12) 单击工具箱中"横排文字工具",在其选项栏中设置"字体"为黑体,"字体大小"为 32 点,"字体颜色"的 RGB 值为(11,140,8)。在图像窗口中输入"瑞翔置业"文字。单击工具箱中的"直线工具",在其选项栏中单击"形状图层"按钮,"粗细"设为 2 像素,颜色

图 8-12 添加"外发光"后的效果

图 8-13 添加公司标志

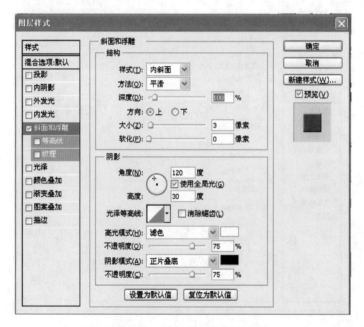

图 8-14 设置斜面和浮雕参数

　　的 RGB 值为(62,146,29),在"瑞翔置业"文字的下面绘制出一条直线。再次选择"横排文字工具",在其选项栏中设置"字体"为黑体,"字体大小"为 18 点,"字体颜色"的 RGB 值为(3,124,0),在图像窗口中输入英文字母"ruixiang zhiye",效果如图 8-15 所示。选择"瑞翔置业"图层,分别添加"投影"和"外发光"图层样式,其"投影"的参数设置如图 8-16 所示,"外发光"的颜色的 RGB 值设为(255,255,190),其他参数设置如图 8-17 所示。设置完成后,分别复制此图层样式,粘贴到"形状 1"(直线)图层和"ruixiang zhiye"图层,效果如图 8-18 所示。

图 8-15　输入标志文字后的效果

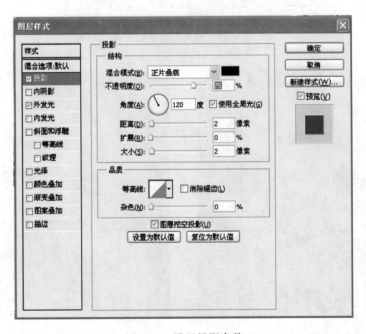

图 8-16　设置投影参数

　　(13) 楼盘的名称为"米兰翠庭"。单击工具箱中的"横排文字工具",在其选项栏中设置"字体"为楷体,字体大小为 65 点,在图像中输入文字"米兰 翠庭"。选择"米兰"两字,将其颜色的 RGB 值设为(145,3,21);选择"翠庭"两字,将其颜色的 RGB 值设为(3,124,0),效果如图 8-19 所示。单击图层面板下方的"添加图层样式"按钮,打开"图层样式"对话框,分别给文字添加"投影"、"内阴影"、"光泽"、"描边"效果,其中将描边的颜色的 RGB 值设为(255,228,0),其他效果设置选择默认值即可,效果如图 8-20 所示。

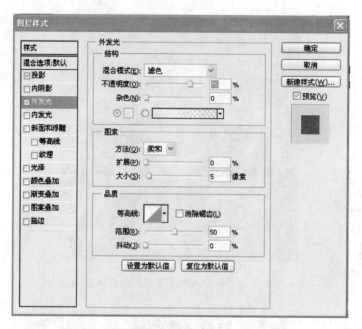

图 8-17　外发光的参数设置

图 8-18　标志文字添加图层样式后的效果

图 8-19　输入文字"米兰 翠庭"

（14）打开素材图片"小花.jpg"，将小花选中复制到"房地产设计.psd"文件中，图层面板中自动添加"图层 7"。按组合键 Ctrl＋T，调整小花的大小，放置到如图 8-21 所示的位置，按 Enter 确认。

（15）单击工具箱中的"横排文字工具"按钮，在其选项栏中设置"字体"为黑体，"字体大小"为 24 点，"颜色"为黑色，在"米兰　翠庭"的上方输入文字"让生活多一点青草的味道"。在其下方输入英文字母"Milan spring"，字体大小为 36 点，"颜色"为黑色，效果如图 8-22 所示。

图 8-20 添加图层样式后的效果

图 8-21 添加小花后的效果

　　(16) 打开素材文件中的"花纹笔刷"文件夹,将提供的画笔追加到 Photoshop CS5中。单击"画笔工具",选择一种花纹,新建"图层 8",在图像上添加花纹,调整好大小后,放置到如图 8-23 所示的位置。

图 8-22 添加文字后的效果

图 8-23 添加花纹后的效果

　　(17) 打开素材图片"社区介绍.psd",将文字复制到"房地产设计.psd"中,放置到图像的左下方,添加"投影"图层样式,投影的参数设置默认值即可,效果如图 8-24 所示。

　　(18) 打开素材图片"文字.psd",将文字复制到"房地产设计.psd"中。按组合键Ctrl+T,对图像进行调整,放置到图像的右下方,添加"投影"和"描边"图层样式,效果如图 8-25 所示。"投影"的参数设置默认值即可。"描边"的参数设置如图 8-26 所示,其中颜色的 RGB 值为(191,183,28)。

图 8-24 添加"社区介绍"文字后的效果

图 8-25 添加右下方文字的效果

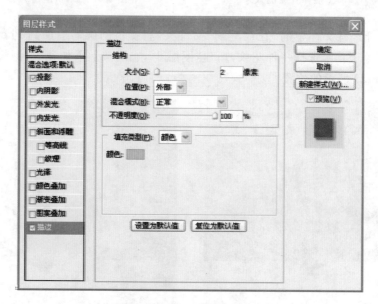

图 8-26 描边的参数设置

（19）在工具箱中设置前景色为白色，在图层面板中选择"图层 1"。新建"图层 9"，选择工具箱中的"矩形选框工具"，在画面上创建一个矩形选区。按组合键 Alt＋Delete，在选区中填充前景色，效果如图 8-27 所示。

（20）在图层面板中选择"图层 2"，用"横排文字工具"输入英文字母"RUIXIANGZHIYE"。按组合键 Ctrl＋T，自由变换，逆时针旋转 90°，调整文字的大小与位置，效果如图 8-28 所示。

（21）打开素材图片"蝴蝶 1.png"、"蝴蝶 2.png"、"蝴蝶 3.png"，将打开的图片分别复制到"房地产设计.psd"中，放到如图 8-1 所示的位置。此时图层中自动添加"图层 10"、"图层 11"和"图层 12"。

图 8-27 在选区中填充白色

图 8-28 输入文字

（22）至此，房地产宣传页设计全部完成。按组合键 Ctrl＋S，将文件保存。

综合实训 2 梦幻婚纱照片处理

任 务 要 求

利用画笔工具，制作出梦幻婚纱效果，如图 8-29 和图 8-30 所示。

图 8-29 原图

图 8-30 梦幻婚纱照

任 务 分 析

- 通过设置画笔预设,自定义画笔;
- 设置画笔笔尖形状,设置合适的画笔直径以及角度;
- 创建新图层,在图层上用画笔为人物添加翅膀效果;
- 选择缤纷蝴蝶画笔,设置动态画笔效果,在图像中绘制动态蝴蝶效果。

制 作 流 程

(1) 单击菜单"文件→打开"命令,打开"实训素材 1. psd",如图 8-31 所示。

(2) 选择套索工具,在图中制作选区,如图 8-32 所示。按 Delete 键,将选区中的图像删除。按组合键 Ctrl+D 取消选区。如图 8-33 所示。

图 8-31　素材　　　　　图 8-32　制作选区　　　　图 8-33　删除选区内图像

(3) 单击"编辑→定义画笔预设"命令,在弹出的对话框中将画笔名称命名为"翅膀",如图 8-34 所示。

图 8-34　自定义名为"蝴蝶"的画笔

（4）打开"实训素材 2.jpg"文件，选择画笔工具，打开"画笔预设"选取器，选择"翅膀"
画笔笔尖，如图 8-35 所示。

图 8-35　选择"蝴蝶"画笔笔尖

（5）单击"窗口→画笔"命令，打开"画笔"面
板，在画笔笔尖形状中设置"大小"为 220px，"角
度"为－37 度，如图 8-36 所示。

（6）新建"图层 1"，设置前景色为白色，使用设
置好的画笔在"图层 1"上画出翅膀图案，如图 8-37
所示。

（7）使用橡皮擦工具，选择合适的画笔笔尖，
将"图层 1"上多余的图像擦除，如图 8-38 所示。

（8）选择画笔工具，打开"画笔预设"选取器，
选择"缤纷蝴蝶"画笔笔尖，如图 8-39 所示。

（9）单击"窗口→画笔"命令，打开"画笔"面
板，分别设置"形状动态"、"散布"及"颜色动态"，
如图 8-40～图 8-42 所示。

（10）新建"图层 2"，设置前景色为＃b3d7f2，
使用设置好的画笔在"图层 2"上画出飞舞的蝴蝶
图案，完成制作，如图 8-43 所示。

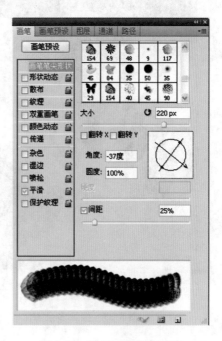

图 8-36　设置画笔笔尖形状

图 8-37　在"图层 1"上绘制翅膀图案

图 8-38　擦除多余图像

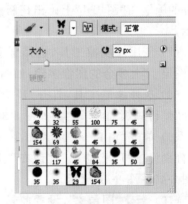

图 8-39　选择"缤纷蝴蝶"画笔笔尖

图 8-40 形状动态

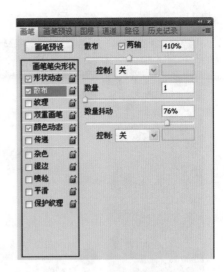

图 8-41 散布

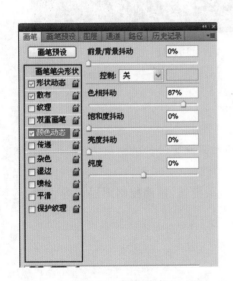

图 8-42 颜色动态

图 8-43 最终效果图

综合实训 3 弹出式窗口动画广告网页设计

任 务 要 求

利用 Photoshop 中的动画功能,通过动画面板中的位置逐帧动画,对文字图层旋转、放大,实现简单的弹出式窗口网络动画广告,如图 8-44 所示。

图 8-44　弹出式窗口动画广告页面设计

任务分析

- 位置逐帧动画、动态文字效果,可以极大地增强网页设计的感染力;
- 利用文字工具添加文字及图层样式;
- 利用动画(帧)面板(时间轴动画面板),设置关键帧,精确控制图层内容位置、透明度或样式的变化效果。

制作流程

(1) 在 Photoshop CS5 中打开背景图片,新建背景图层。

(2) 新建"课程显示"图层,使用"圆角矩形工具"绘制矩形,并填充颜色为白色,添加图层样式"斜面和浮雕"效果。其参数如图 8-45 所示,效果如图 8-46 所示。

(3) 使用"椭圆选框工具",在绘制的白色矩形上方绘制椭圆,按 Delete 键删除,如图 8-47 所示。

(4) 新建"文字"图层。使用"横排文字工具",输入文字"精品课程",字体为"幼圆"、字号为 24 点,栅格化文字。单击"滤镜→素描→绘图笔"及"图层样式→描边"命令,设置文字的色彩,如图 8-48 所示。

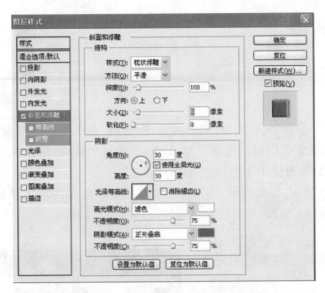

图 8-45　斜面和浮雕对话框参数设置

图 8-46　斜面和浮雕效果

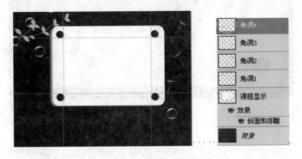

图 8-47　圆角矩形效果

图 8-48　文字效果

（5）选择"精品课程"文字图层，单击"窗口→动画"命令，打开"动画（帧）"画板，设置"秒"为 0.2 秒，隐藏文字图层。按组合键 Ctrl＋J 复制并显示"精品课程"文字副本。按组合键 Ctrl＋T，设置角度为 45°，如图 8-49 所示。

（6）采用上述方法，按组合键 Ctrl＋J 将"精品课程"文字图层多复制几层，依次对其他复制的图层进行 45°旋转，从而得到动画效果，如图 8-50 所示。

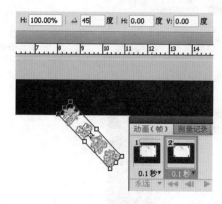

图 8-49　设置文字旋转

图 8-50　旋转文字动画

（7）新建"图片"图层。导入"素材 8-1.jpg～素材 8-5.jpg"，改变其大小放置在合适位置，如图 8-51 所示。

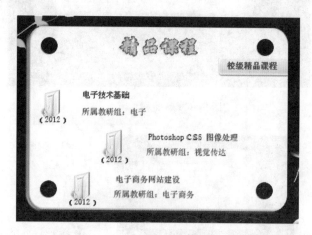

图 8-51　导入图片素材

（8）新建"字母动画组"。在画布左下角处输入"W"字母，设置"字体"为 Brush Script Std；"字号"为 18 点。

（9）双击文字图层，打开"图层样式"对话框，启用"渐变叠加"复选框。设置"杂色"渐变，参数设置如图 8-52 所示。

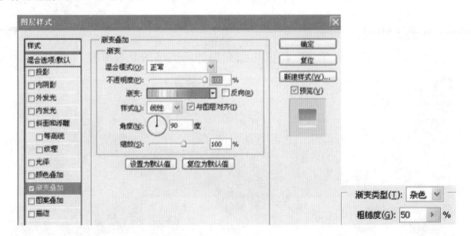

图 8-52　文字渐变效果

（10）单击"窗口→动画"命令，打开"动画（帧）"面板。在该面板中单击第一帧的"选择帧延长时间"，选择弹出式菜单中的"0.2 秒"命令，第一帧动画创建完成。

（11）单击"动画（帧）"面板上"复制所选帧"按钮，创建动画第 2 帧。选中文字图层，按组合键 Ctrl＋J，复制文字图层。选中"文字副本"图层，使用"横排文字工具"，在 W 字母后面输入字母 W。

单击"动画（帧）"画板中"选择循环选项"下拉三角形，选择弹出式菜单中的"永远"命令，动画可以循环播放。

（12）重复上述操作，对其他文字设置动画。按组合键 Ctrl＋J，依次复制新增的文字图层，分别添加"．、J、N、X、X、G、C、．、C、O、M"内容，创建每帧动画，如图 8-53 所示。

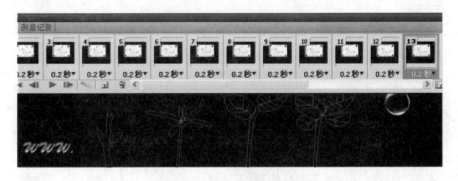

图 8-53　文字动画帧面板

（13）创建完成动画后，单击"动画（帧）"画板中的"播放动画"按钮，可以在文档中预览效果。单击"文件→存储为 Web 和设备所用格式"命令，储存为 GIF 格式动画图片，然后将该图片插入到网页中。

思考与实训

1. 制作怀旧风格的海报效果。

使用 Photoshop CS5 将照片制作成一张充满怀旧风格的复古海报，如图 8-54 所示。

图 8-54　怀旧风格的海报效果

提示：

(1) 通过照片滤镜，将照片颜色调旧。

(2) 添加海报文字，字母与数字采用不同的字号。

(3) 添加矩形块，在矩形块上加上一些英文歌词。

(4) 在图片上加上旧纸图片，调整其模式，使整张图片有怀旧风格。

2. 利用滤镜绘制水粉画。

利用滤镜，将图 8-55 原图制作成如图 8-56 所示的水粉画效果。

提示：

(1) 利用"滤镜→模糊→高斯模糊"调节画面。

(2) 利用"滤镜→艺术效果→干画笔"调节画面。

(3) 利用"滤镜→模糊→特殊模糊"调节画面。

(4) 设置"图层属性→正片叠加"得到效果。

图 8-55 原图

图 8-56 水粉画效果